景观手绘速训系列

景观手绘
写生与设计

唐建 著

中国水利水电出版社
www.waterpub.com.cn

内 容 提 要

本书通过大量写生实例，记录写生的过程与体会，让读者直观地了解从观察到表现到整理的写生全过程。书中演绎了写生与设计，并分别从纯艺、景观、建筑、植物、配景、设计及学生作品的实践性方面进行解说。

全书通俗易懂、内容翔实、图片丰富精美，非常适合高等院校艺术类及环境设计、室内设计、景观（园林）设计、建筑设计等相关设计专业的师生作为教材、教辅使用，也可供相关专业设计人员及培训人员、受训人员参考使用。

图书在版编目（ＣＩＰ）数据

景观手绘写生与设计 / 唐建著. -- 北京 ：中国水利水电出版社，2014.6
（景观手绘速训系列）
ISBN 978-7-5170-2222-0

Ⅰ．①景… Ⅱ．①唐… Ⅲ．①景观设计－绘画技法
Ⅳ．①TU986.2

中国版本图书馆CIP数据核字(2014)第140838号

书　　　名	景观手绘速训系列 **景观手绘写生与设计**
作　　　者	唐建　著
出 版 发 行	中国水利水电出版社 （北京市海淀区玉渊潭南路１号Ｄ座　100038） 网址：www.waterpub.com.cn E-mail：sales@waterpub.com.cn 电话：（010）68367658（发行部）
经　　　售	北京科水图书销售中心（零售） 电话：（010）88383994、63202643、68545874 全国各地新华书店和相关出版物销售网点
排　　　版	北京时代澄宇科技有限公司
印　　　刷	北京印匠彩色印刷有限公司
规　　　格	210mm×285mm　16开本　16.5印张　472千字
版　　　次	2014年7月第1版　2014年7月第1次印刷
印　　　数	0001—3000册
定　　　价	68.00元

　　美工笔是我在景观绘画中常用的工具，生动、自然。我钟爱美工笔，源自十几岁时，见到哥哥们用钳子、镊子把普通钢笔的笔尖弄弯，神奇地画出粗细不一的线条，黑、灰，点、线、面是如此分明。从那时起，我就不断试着与美工笔打交道，经过几十年的磨炼，渐渐摸清并掌握了用笔技巧。

　　美工笔的奇妙之处，不仅仅只是勾勒线条这么简单，当你能娴熟运用美工笔的运笔方法，就能达到意想不到的效果；灵活运用反笔、正笔、宽锋、急、缓、滑、擦、顿挫等技巧，并调整笔的倾斜度，能够使画面更加真实、自然、完美地表现出来。在忠于自然的基础上，如何生动地再现自然景观，一直是我所追求的。写生是一个直接而明确的通过绘画语言表现过程，也就是"观察"与"表现"两个方面的记录。一个人所画的线条和影调关系，是由视觉感官反应所支配的，绘画不同于照相，不可毫无取舍地照搬，一定是经仔细观察后进行艺术再创作的提炼，超越自然事物表象，对造型语言进行精加工和重组，取景、构图、提炼、取舍、生动、趣味构成一幅作品的完整性。为达到这一目标，本书采用相当一部分作品并配以实景照片，以方便读者在照片与作品的对照中，从我的作品处理中对写生的实质和要点获得更加直观的了解。

　　本书继《景观手绘速训》一书后，更进一步补充写生与设计的技法，以随图赏析的方式来展示美工笔的技法与表现力。配以独幅作品释文，详尽介绍我在作画时的心得体会，让读者在直接面对具体的画作中，去观察、领略美工笔的技法运用和实践。最终的目的，就是让读者从绘画作品中，真正能理解观察与表现的绘画真谛，同时也了解要不断地经过照实慢写—取舍—慢写—照实—速写—提炼—速写—减法—快写的过程，循序渐进地提高绘画表现能力。

　　本书中的景观写生作品，是我在近年写生和创作作品中挑选和整理收入的，书中还加上了我的情感和思想，有我在观察、分析、描绘、创作过程中探索和实践的体会与经验，其目的就是激发读者的热情，通过我的教学与实践，与读者共享并进行交流研讨。书中如有不足之处望见谅。也望同仁、读者多提宝贵意见。

2014 年 4 月 12 日　唐建

目 录
SKETCH & DESIGN
OF LANDSCAPE

第一章　景观写生技法

SKETCH & DESIGN
OF LANDSCAPE

写生是各艺术学科的基础，在自然中发现美，运用科学的方法表现美的事物。

　　景观写生是各艺术学科的基础之一，所涉及的领域也越来越广。从艺术的领域走向设计领域，一幅好的写生作品，基于对自然的认知和对生活的感受之上。"盖以耳目所习，得之于心而应之于手也。"不然，就不能做到下笔传神。只有观察细致，取舍得当，表现力强，才能画出一幅好作品。美工笔的笔尖微弯，线条变幻多端，如同毛笔一样，画出粗、细、干、枯、浓、淡的感觉，如果运笔轻重掌握得好，还能有抑扬、顿挫、疾徐、畅滞、疏密、虚实、刚柔及干湿的效果。当把美工笔调整些角度，或立，或卧，或侧，或顺，或逆地运笔，就能画出线条的多变，有如音乐的节奏感和韵律感，如骨如柱，如丝如缕，畅快而神奇地直接服务于作品。美工笔越是运用得娴熟，越能使作品达到神、情、气、韵效果，趣味也由此而生。当然，除了灵活运用美工笔，表现物象的造型能力要强，促成形象的准确、生动和深刻，都非常重要。在写生前，我们首先要明白几个问题：一是在自然中寻找美；二是美感源自真情；三是方法得当；四是技巧运用；五是写生步骤。

一、在自然中寻找美

　　19 世纪法国画家库尔贝是写实主义旗手。他认为："美的东西在自然中，而且它以最多种多样的现实形式呈现出来，一旦被找到，它就属于艺术品，或者说是属于发现它的那个艺术家。"他还说："自然所提供的美，比艺术家所有的传统都优越。"这就充分说明，无数作品都是从自然美向艺术美的成功转化，以造化为师、为友、为范本。自然美无处不在，当这种自然美的发现和表现，也就是艺术美构成过程中，无疑会加入作者的情感、性格、修养及理性的取舍，从而在技法表现上，风格的定位中，形成作者的个性绘画语言。我们应多做些基本功训练的写生，多一些自然，多一些客观。百花丛中，根植于土地，生长于自然。自然为尚，即"自然而然"。在开始的训练中少一点"我"，多一些"自然"，"人巧岂敌天真"。不必太过追求，以免失真、失实。

二、美感源自真情

　　在景观写生时，要有足够耐心去寻找、发现、等待那个最佳状态的场景。同一个景致，或阴或晴，或雨或雪，都有不同的情感。我常常在同一个地点、同一个角度，表现不同季节的物象，每次都有不一样的感悟，激动之余，静而求之，默识于心，正襟危坐，挥笔于纸，只求一得。往往一幅好的写生作品，都是情动使然，只有感动了自己，才能做到心中有数，胸有成竹，通过你的绘画语言，尽情表露你的最佳状态和表现方式。

三、运用科学的方法

　　我坚持写生，从自然中寻找美、寻找素材，渐渐明确应该在技法上、在使用工具上做些尝试，并定型。最终用美工笔作为我的绘画表现的工具。美工笔能较迅速和明快地深入肌理掌握形态。一方面，以写实主义的观察审视对象，确定要画对象的视角，了解其结构，准确把握透视，注意画面的平衡，突出主题，增加趣味性，从视觉形象出发，科学而真实地表现主体景观，然后艺术地取舍、调整、用笔、用线从而创作出源自于生活而高于生活的艺术作品。

　　另一方面，物态万千，不可全盘照录，取舍一二，升华三四，不论画幅大小，都要讲究谐调性和一种气韵，也就是自然、饱满，严谨中不失轻松，感性中不失理性，心、脑、手、笔高度统一，一气呵成。写生后，不再回家修改，追求的就是当时的感受，遵循于客观自然。造物赐予人们无限的美。我们不难发现，物象的形态、疏密、刚柔、节奏、韵律自在其中，应尽可能地保存物象的生命特征。在描绘自然景观中，在表现空间感、质感上，应灵活运用基本线（左重右轻、左轻右重、两头轻中间重、两头重中间轻）来组织完善画面。

四、技巧的运用

　　绘画应强调个性，注重情感，崇尚表现，而不必太循规蹈矩。一般来说，景观写生都是学而知之，学而有序，循序而渐进，辛勤探索，方能有得。执笔即求超脱，则欲速而不达。因此，对初学者，循序渐进是唯一入口。首先要学会运用美工笔，掌握并使用它，从基础线入手，多练习长横线、纵线及其他综合线；继而从简单的图例入手，拷贝临摹，写生，再临摹些较完整的作品，体会范例中构图、用笔、取舍和整体感，经过多阶段的练习，由简到繁，由小到大，由细部到整体，有计划、有步骤地临摹—写生—再临摹—再写生，达到一定的练习量，才会有质的飞跃。我所使用的工具是美工笔，这是钢笔系列中较难掌握的工具之一，如果运用得熟练，灵活掌握正笔、反笔、侧锋、宽锋，还有握笔力度控制、持笔倾斜度的把控，再进行轻、重、缓、急的运笔，就能画出较为生动的线条及画面。

（一）美工笔的运笔和用笔

　　美工笔的表现，具有一定优势，只要能灵活运用笔的正、反、宽锋、侧锋，利用笔的轻、重、缓、急、挫、充、擦等技巧，把粗细不一的线条有机结合，画面就能达到理想的效果，而且质感很强。在系统学习和练习中，从单线、粗细线结合到综合表现，循序渐进地练习就能灵活运用掌握好美工笔。先从线描画起，纯勾线，用美工笔的反笔尖运笔，忽略光影关系，只有用物象线条疏密关系来表达空间的层次关系，从提炼、概括、轮廓分明、复杂的客观对象中，画出最能表达结构的线条来。下笔要酣畅准确、流利、精练、质朴，去繁就简，表现

图1-1　线描练习

出物体的比例、结构、透视关系和造型的特征，线的疏密关系，要有高低起伏、紧凑松弛、遵循对立而又统一的原则（图1-1）。经过一段时期的线描练习，渐而粗细线条结合运用。

　　粗实线主要是画结构用线、轮廓线，用于大的效果把控；细线则是表达结构细部和表面肌理。空间层次分明，画面要注意节奏变化，通过线条的浓、淡、粗、细、曲、直、长、短来把控整个画面效果。粗线条加强结构，强调主体，凸显视觉中心。打破粗细线条一致的呆板效果，粗细结合得好，能使画面更具魅力，层次分明，赋予作品很强的视觉冲击力。如果我们增加一些明暗、光影关系，把各种运笔、运线都综合起来，并训练出对材料质感纹理的理解表达，注意画面构图中的黑、白布局关系，灵活掌握笔触、线条所产生的黑白共鸣效果，可使画面极具表现力（图1-2）。

（二）美工笔的运用

　　（1）反笔：勾线。

　　（2）正笔：黑、白、灰大效果。

图1-2　粗细结合

（3）侧锋：刻画细部。

（4）宽锋：画暗部关系、灰调子，并运用转折关系，生动表现物象肌理及光影关系。

（5）轻：远景、虚处的表现。

（6）重：近景、实处的表现，暗部处理，强调和肯定物象。

（7）缓：慢行笔，表现树木、人物远景景中的大效果。

（8）急：水面的表现，大调子的处理。

美工笔的运用大体如此，但不固化，灵活运用才能掌握好美工笔。在运用中常常急中带缓、缓中带急，正笔渐转化成侧锋、宽锋，轻中有重、重中有轻，通过不断练习、磨合，就会练就出神入化的境地，只有今日多投入，方能明朝出奇。学习是一个由"渐修"到"顿悟"的过程，当临摹到一定水平时，也不妨"有我"，不可"像师"，经自己的理解，可使眼界开阔和提高，博采众长，渐而提高自己的写生能力，由"形似"转变到"自我"个性。只要坚持多练，经久而熟，就能熟能生巧，学有所成。

五、写生的步骤

景观写生就是一个观察、取景、构图、表现、调整的过程。

（一）善于观察

自然景观中，处处是景，要善于发现，捕捉要表现的对象，不可盲动，要通过在对景物形态及形体中发现美，看到其中的各种变化，特别是光影关系的变化。训练眼睛从不同的角度去观察，抓住最佳角度，并提升对光影关系、色彩敏感的反应能力。在动手画之前，一定要注意怎么想的，这一点很重要，不可坐下就不假思索地画起来。常常有初学者，当选好角度后，动笔时，不是画大，就是画小了，就是因为动笔之前没想好到底要表现哪，可分几部分，哪个为主，哪个为辅，结果搞了好半天，自己心里还是没谱。

首先，要确定你想表现的主体景观是什么，辅景是什么；从这个视点观察，是一个什么透视关系：是平行透视，还是成角透视？是俯视，还是仰视？你所处的视高位置？视平线在哪里？都得通过观察，把信息传输给大脑，经过对物象感性地认知，方能作出理性的判断，然后才能取景、动笔构图。

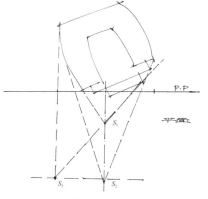

图 1-4　平面图

（二）合理取景

从自然环境中选择一个景致，主体部分在画面中要突出，然后分析一下哪个作为视觉中心，其他需要弱化。取景与你的视点、视距、视高都有关系，如果视点过偏，或是视距过近，容易出现失真现象，特别是对建筑主体而言（图1-3）。从附图中的平面图，我设计了三个视点 S_1、S_2、S_3（图1-4）。

图 1-3　某建筑主体

图 1-5　S_1 透视图

图 1-6　S_2 透视图

在同一视平线上，S_1 的视距过近，透视的高度和宽度都超过正常视角，建筑物的高体积，在透视上形成锐角，有倾斜感（图 1-5）。S_2 的视角稍好点，但由于视点太过居中，右侧部分建筑看不全面，且还是有变形的感觉（图 1-6）。S_3 的视点、视角、视距都趋于正常，画面的效果就好多了（图 1-7）。

一般情况下视点距建筑物越近，所见的建筑形象就越大，反之越小。这是指视点与画面关系不变而言。当然，我们在取景时，要善于综合考虑视高，要根据画面所需来确定，视点越高，看到的地面面积就越多，视野显得很开阔，一般画大一些的景观。同时，也要合理选择透视类型，平行透视、成角透视、三点透视、俯视，还得考虑画面中配景的大、小尺度的比例关系，如人物、车辆、旗杆、树木等。在动笔构图前，需把所有信息源、数据库、储存在脑海中。

（三）巧妙构图

经过仔细地观察，合理取景后，就可以开始构图，主体形象和空间层次作为构图的主要因素。首先要对整幅作品有一个统筹思考，意在笔先，初学者先画些小幅构图，或先用铅笔起稿，最终达到不用铅笔，直接用美工笔写生的目的。

在构图时，需根据主体景观的高宽比例，来确定画面是立式或是横式。一般来讲，高耸的建筑为立幅，扁平的则是横幅（图 1-8 ~ 图 1-11）。

图 1-7　S_3 透视图

图 1-8　立式（一）

图 1-9　立式（二）

图 1-10 横式（一）

图 1-11 横式（二）

还要注意视觉中心，通常把主体景观设置在画幅中心线偏左或是偏右，不可放置在正中间，要使画面达到均衡和谐调。即使有些景观不可避免地居中，也要通过一些地形和配置，打破画面的呆板。

如图 1-12 所示，大门居中，左边的建筑物屋顶呈多变的形态，右边则简洁单调，但在右侧屋顶后景，伸出一个高耸的广场灯，就打破了左重右轻、大门居中的局面，画面经过这一调整，就谐调多了。

图 1-12 广场灯打破画面的呆板

如图 1-13 所示，亭子居中，用配景中的植物、地形变化改变了画面的呆板。

图 1-13 配景植物改变画面的呆板

构图时，要避免图 1-14 所示情形。

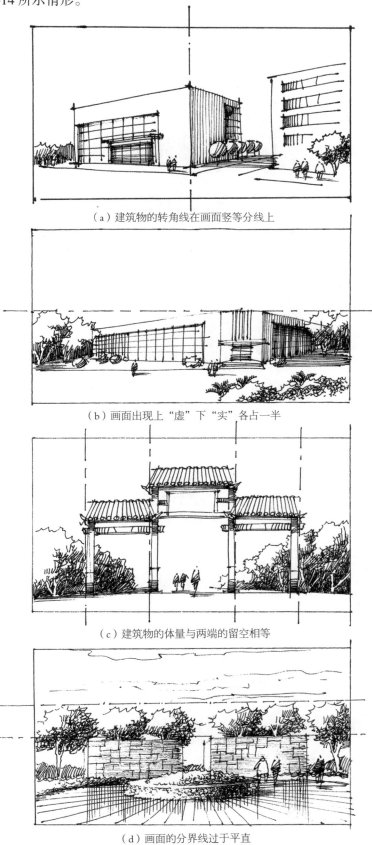

（a）建筑物的转角线在画面竖等分线上

（b）画面出现上"虚"下"实"各占一半

（c）建筑物的体量与两端的留空相等

（d）画面的分界线过于平直

图 1-14（一）　构图应避免的情形

（e）画面中形象的重复

（f）通长直线分割画面

（g）画面中不稳定感

（h）画面中不均衡

图 1-14（二） 构图应避免的情形

除避免以上情况出现，在构图时，一定要突出重点，凸显主体景观或建筑。绘画不同于照相，要经过理性处理，有取舍，分主次。如果主次配合得好，相得益彰，就能集中统一协调，做到事半功倍。如果照实景写生，平铺直叙，毫无取舍，不分主次，画面就显得杂乱无章，则事倍功半。如图1-15所示，通过在图1-14（g）中增补电线杆使画面达到稳定。如图1-16所示，通过在图1-14（h）的天空中增画一些飞鸟使画面均衡。

图1-15　增补电线杆超过屋顶达到稳定感

图1-16　天空中增画一些飞鸟使画面均衡

（四）突出重点

（1） 主体景观在画面中相对居中。如果主体建筑在画面中所占位置不大时，往往以整个建筑作为重点来表现。如果建筑的体量较大，内容庞杂时，常选择一个局部入手，如以门廊或主题的重要标志为重点（图1-17）。

图 1-17 局部入手

图 1-18 引向主题建筑物

（2） 透视感很强，聚敛线的引向和聚点所在，引向主题建筑物，消失于灭点，即为重点（图1-18）。

（3） 增强明暗调子，以明暗的对比凸显视觉中心。图1-19体现的是毛主席故居——韶山，深色的树林背景起到对比衬托的作用，体现出房屋的整体造型；地面的留白处理，也是为主题建筑服务的；几枝垂柳，打破了横向构图的呆板；增画些游客，画面就生动多了，加强了画面的趣味性、灵动感。而建筑物仅画少许灰色调，这样就很好地突出了重点。

图 1-19 毛主席故居

（五）技法表现

　　当明确主题的重点、构图完成后，就是技法的表现。表现是画者对景观物象的认识和理解，通过转达化为美感的艺术形象的手法。美工笔具有很强的美感表现力，要熟练掌握、驾驭它，线条是钢笔中最基本的组成元素。在使用美工笔时，首先要确定所要表达的对象是古建还是新楼，因其用笔方式是不一样的：一般画古建、老房均采用纯艺线条来表达；新楼和新造景观，都是用工艺线条来表现。通过线条的轻重缓急、长短粗细曲直，再结合美工笔的转折变化来组合，充分表达环境场所的形体轮廓、空间体积、光影变化及不同材料的质感，灵活运用线条，从而达到激发画面的感染力的目的。

　　1.线描法

　　线条明快，轮廓清晰，形体结构分明，常用反笔表现，但要把握好画面线条的疏密关系，刚柔并济。古镇、小街景用柔线（图1-20），新建造景用刚线表达（图1-21）。

图1-20　古镇、小街景用柔线

图1-21　新建造景用刚线

2. 宽锋法

宽锋是美工笔持正笔倾斜 45° 角，笔尖弯曲处最宽的线条。它往往起到强调结构、肯定轮廓线、画调子、凸显肌理等作用。在运用该线条时，要控制好快慢节奏，太慢则死，太快则虚，根据画面物象所需把握好急缓（图 1-22）。

图 1-22　宽锋法

图 1-23　明暗法

3. 明暗法

持笔方法与宽锋一致，运速要快，粗线条，充擦出一个个面，表现光影的明暗调子，以面来表现体积和结构关系。这种方法画出的效果，很有视觉张力，通过此种练习，加强对物象的理解和认识（图 1-23）。

4. 综合法

运用笔尖的各个部位，通过持笔的倾斜度改变，调整运行速度，用正、反、宽锋、侧锋画出既有线的形，又有面的体积及光影关系，线、面结合，达到一种画味感极强的效果（图 1-24）。

图 1-24　综合法

5. 草图法

钢笔草图画法主要用于快速记录，可培养我们观察事物和概括表达物象的能力。此法实用、便捷，是相关人员进行思考、记录、传达意向的主要手段，迅速捕捉对象，活跃设计思维，练就随意、轻松，不失为一种练笔、获取素材的好方法。草图所占篇幅不大，一张便笺纸或是小卡片都可以，只求大效果，忽略细节，在较短时间内简明扼要地把握景观形态特征与空间氛围，用笔尽可自然、随性，不太讲究线条的准确性，小弯而求大直，求大体轮廓即成，这样有助于在今后的设计及构思中，很快表达意向（图 1-25、图 1-26）。

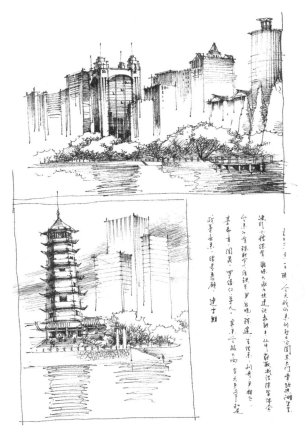

图 1-25 钢笔草图画法（一）

图 1-26 钢笔草图画法（二）

（六）画面的处理

绘画是一种情感活动过程，是作者将自己的感受和情感通过绘画形式，以一种艺术语言表达出来。写生时，不仅仅停留在准确如实地描绘物象上，而是要充分发挥主观能动性，进行画面的艺术处理，合理运用概括、取舍、对比、调整等造型手法，生动表现景观物象，从而达到尽善尽美的艺术效果。

1. 概括

自然景物中，物象万千。如果只是照相机般地写生记录，画面就会杂乱无章、无主题、无层次，更谈不上艺术的感染力。我们所使用的是美工笔，在落笔时，一定要想好哪些是主要的，哪些是次要的，怎样突出主题，舍掉不必要的东西，经过仔细观察，理顺思路，落笔定音，从全局考虑，第一笔很重要，如同唱歌，开口音很重要，要准、要稳，并把握好透视，概括而又简练（图 1-27、图 1-28）。

图 1-27 概括法（一）

图 1-28 概括法（二）

2. 取舍

写生中的取舍，包含两个概念：一是取；二是舍。"取"即是把物象中的主要部分取进来，如有需要，还得为了画面的丰富、协调，把取景画面以外的物体，根据画面的需要主观移取进来，但一定要合乎情理，遵循透视原理，不然，就弄巧成拙、画蛇添足了。"舍"即是自然景观中，把与画面不协调的物象毫无保留地舍去。只有取舍得当，才能做到情景交融，丰富了画面（图1-29）。

图1-29 是一幅取舍得当的画面，自然景观中，老屋后面砌了座三层楼的水泥新房，画面中心并无道路，除画出汀步的小道，我还取景棕榈树，左侧的徽式建筑及栅栏，通过高低变化、体量大小对比、使画面生动、完整起来。

图1-29　取舍法

3. 对比

在美工笔运用中，画面中虚实、黑白、体量、疏密对比得好，更能突出画面的重点，否则就显得杂乱。行话中常说"画花了"，之所以没把控好，就是没有运用好对比关系，没有遵循素描关系，没有统一在一个调子之中。黑、白、灰的调子既要有机地结合，又要在对比之中加强一些主观理念上的光学原理。

如图1-30所示，屋顶和木板墙面同在一个灰色调之中，为突出建筑的吊脚楼特点，屋顶大量留白，两个屋顶衔接处画了少量瓦片，由实到虚转化；建筑的支撑柱原隐没于杂乱的土墙之中，为了凸显立脚点柱，没有刻画土墙，只画其独特的支撑柱，立于水中，这就是对比的效果。

图1-30　对比法（一）

又如图 1-31 所示，这是在一个阴天的环境中画的，当时的几面墙在散光的作用下，都是灰暗调子，看不出向背关系。我采用光学原理，人为设置光影强弱，用马克笔的灰色系列稍画了些阴影，通过这种光影对比关系，画面就生动而富有变化。所以说，要画一幅好的作品，学会在对比中相互协调、相互衬托，既要合理，更要自然。

（a）对比前　　　　　　　　　　　　　　　（b）对比后

图 1-31　对比法（二）

图 1-32　虚实关系对比

（1）虚实关系对比。主题突出，视觉中心为实，而次要部分，如配景或远景进行概括简化处理，则为虚，也就是主实次虚。有时近景中的实，相对而言也要根据画面需要，为突出主体，反而也要虚（图 1-32）。

（2）黑白关系对比。黑白对比，又称明暗对比，也就是明暗的强弱。在通常近实远虚的情况下，常用一些光影关系，为突显主体景观采用调子关系来处理。明暗对比处理得好，易产生强烈、明确的视觉效果，强调主体、突出重点，增强画面的层次感，特别是表现冰雪世界，更具魅力（图 1-33）。

图 1-33　黑白关系对比

（3）体量关系对比。不同体量的物体，在同一画面中所占的面积形成不同大小体量的对比。如自然景观中，大小不一的建筑，一个大，一个小，在对比中，小能烘托大的宏伟，也要近大远小的空间效果，即使是同一体量的建筑，远近不一，画面的效果就会有纵深感和层次感。如图1-34所示，就是体量一样，通过一点透视的角度，使物体变成近大远小的效果，通过这种体量对比，加强透视感，从而达到画面中的层次深度的目的。

图1-34　体量关系对比

（4）疏密关系对比。在画面上，通过物象的疏密关系，同时运用美工笔特性，形成合理的疏密关系，达到一种有紧有弛的对比关系。如图1-35所示，物象中自然形成一种疏密关系：画中的屋形，由于屋顶的瓦、门窗形成一个密的关系。而左侧中的墙，自然形成疏的关系。右侧形成一个灰色调，通过细部刻画，适当添画一些配景，运用笔的宽窄变化，来使画面更有章法。线条合理经营，才能使画面疏而不简，密而不繁，于对比中增强画面的艺术感染力，甚至还平添一分意境。

（5）画面的调整。写生后，需对画面进行整体调整，让画面更加协调，统一耐看，生动。也许增加那么一两个人，或是一群飞鸟、几片云、一个电视天线，就能使画面更加生动，也就是人们常说的"画面活了"。

图1-35　疏密关系对比

　　这就是调整后的结果。当然并非一味地添加内容，要根据画面所需进行合理调整。综合考虑主次关系、平衡关系、协调关系，一切从整幅作品的完整性和统一性出发，平淡的地方加些内容，太突出的部分，弱化一下。调整时，画了些车辙泥痕，天空中补了些飞鸟，为方便画面平衡，增画了一个电视天线，画面的效果更趋合理而生动。总之，为丰富画面效果，一定要基于从美学角度，来表现画面的完整性，不可画蛇添足。如图1-36、图1-37所示，就以天空中补鸟为例，当天空的留白部分很多时，适宜添补飞鸟，而天空的留白不多，就不适合添小鸟了；又如天线，补低不补高，只有遵循于美学原理，合理调整，打破单调，丰富画面，才能使画面达到最佳效果。

图 1-36　原图

图 1-37　调整后的图

六、色彩运用

一幅作品画得完整，与色彩分不开。虽然，我们常用水彩、马克笔、水溶性彩铅作为色彩的表现形式，但色彩的原理都是一样。色彩主要讲究协调性，我们必须从美学原理排列和使用每一组颜色，色彩的协调意味着颜色受不同时间和季节光线的影响，不是"暖"，就是"冷"。从赤、橙、黄、绿、青、蓝、紫七色来看，赤、橙、黄为暖色，青、蓝、紫为冷色，而绿色为中性色，绿色排列在暖色一组，绿色则偏冷，如果绿色排列在

图1-38 冷暖七色

冷色系列中，绿色就偏暖（图1-38）。可见色彩的神奇、变幻性。

每个固有色相对固定，但受到光源影响或与其他颜色相匹配，就会产生变化。但不管怎样，一幅画的整体色调要统一，偏"蓝"的颜色是"冷"色主调，偏"黄"即为"暖色调"，偏绿灰色的"中性色调"（图1-39）。

（a）暖色调

（b）中性色调

（c）冷色调

图1-39 三种色调

这就形成一幅画的整体色调，即"调子"。从明度上分调子，有亮调子、灰调子、暗调子；从色彩性质上分有暖调子、冷调子、中性调子；从色相上分有蓝调子、黄调子、紫调子等。也就是说，一幅画面，要有一个主调，用一个主色来支配其他色彩，其余的色彩相应起辅助、陪衬的作用。马克笔相对水彩、水溶性彩铅，调和性差点，但跟水彩原理相似。

我们以水彩为例，总结以下几条：

（1）水彩三大技法特点：用色、用笔、用水。

（2）水彩颜色透明性能：

A.透明：玫瑰红、紫红、群青、酞青蓝、普蓝、柠檬。

B.半透明：大红、西洋红、深红、青莲、翠绿、深蓝。

C.不透明：黑、白、湖蓝、钴蓝、天蓝、草蓝、浅蓝、中绿、橄榄绿、半红、土红、橘红、土黄、赭石、熟褐等。

当然，以上就每个固有色而言，分 A、B、C 三种状态，如果不透明的颜色，含水量高，一样也可透明，而透明色与不透明色中和透明度也会降低，透明色为含水量低，也会减弱透明度，我们在练习画水彩时，也可以多练习黑白水墨画（图 1-40）。

图 1-40　黑白水墨画

七、色彩空间的表现

当在用马克笔或是彩铅时，色彩原理是一致的，只是用笔的方式有些不一样，但总体来说，用笔运笔要跟着结构来走笔（图 1-41）。

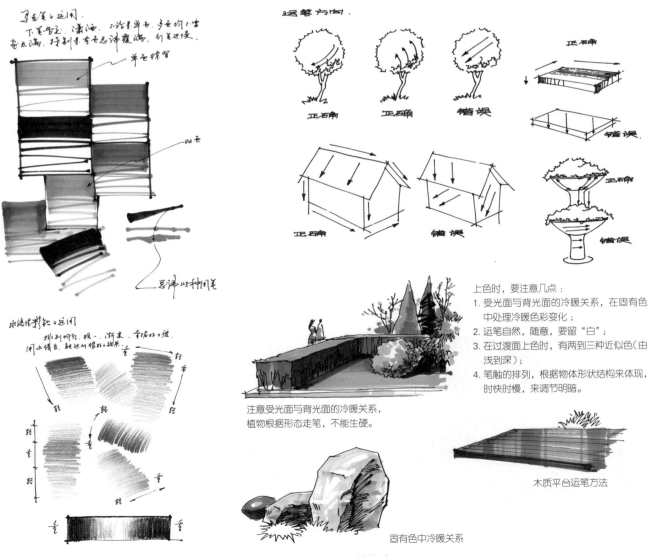

上色时，要注意几点：

1. 受光面与背光面的冷暖关系，在固有色中处理冷暖色彩变化；

2. 运笔自然，随意，要留"白"；

3. 在过渡面上色时，有两到三种近似色（由浅到深）；

4. 笔触的排列，根据物体形状结构来体现，时快时慢，来调节明暗。

注意受光面与背光面的冷暖关系，植物根据形态走笔，不能生硬。

木质平台运笔方法

固有色中冷暖关系

图 1-41（一）　运笔技法

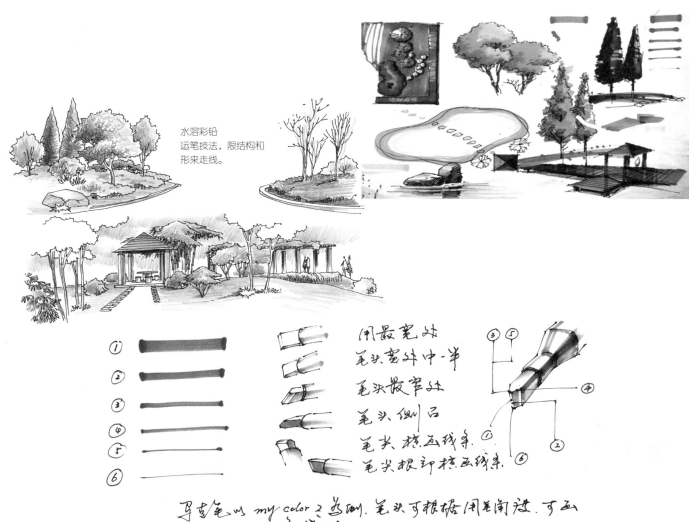

水溶彩铅
运笔技法，限结构和
形来走线。

图 1-41（二） 运笔技法

（1）近景物象清晰，对比关系强烈，主体感强，色彩变化丰富、明确，宜画实，画强，画纯，相对偏暖（图 1-42）。

（a）

（b）

图 1-42 近景物象

图1-43 中景物象

（2）中景物象清晰减弱，色彩对比度、立体感都趋于柔和，宜含蓄自然（图1-43）。

（3）远景物象，无论明暗是对比，还是色彩对比全部统一在近乎平面的色彩之中，应画虚、画弱、画冷（图1-44）。

天空：群青、酞青蓝、土黄、深红。如用马克笔就用182、185、67等型号，画水面还要增加些重色67、66、60再加些环境色（图1-45）。

图1-44 远景物象

（a）

（b）

（c）

（d）

图1-45 天空画法

建筑：酞青蓝＋深红＋赭石（受光面）；酞青蓝＋褐色＝冷绿色；群青＋深红＝冷紫色（背光面及阴影）。马克笔可用 31、44、103、100、21、97、CG3、BG2、BG4、WG1、WG3 等型号笔上色（图 1-46）。

（a）

（b）

（c）

图 1-46　建筑画法

图 1-47　山石、树木画法

山石、树木：土黄＋褐色，背光面，暗部加少许冷紫色来画山石。树木要注意到用笔跟形走，不可呆板，色彩的过渡要自然。马克笔则用 44、103、101、100、97、95、21、24 等画棕色系，BG、CG、WG 画冷灰的暖灰色调（图 1-47）。

　　一幅作品的上色过程要做到心中有数，在确定画面的主调后，一切为主调子服务，用笔，运笔，设色，做好亦松亦紧，一张一弛，删繁就简，落笔成形（图1-48）。

图1-48（一）　某作品用计算机水彩上色过程（作者：唐建　凌大）

图1-48（二） 某作品用计算机水彩上色过程（作者：唐建 凌大）

写生步骤（图 1-49 ~ 图 1-54）：

1）仔细观察所要表现的对象，考虑取舍。

2）确定视点和角度。

3）科学运用透视关系。

4）确立视平线的位置高度。

5）心中一定要明确所要表达的主体。

6）构图时，一气呵成画出大体轮廓。

7）从主体中心入手，向四周展开。

8）再从暗部开始，深入刻画。

9）整体调控，完成由局部到整体的过程。

10）从光影关系上，用马克笔上点灰色调。

11）最后，根据色彩原理，完成色彩部分。

图 1-49　实景（一）

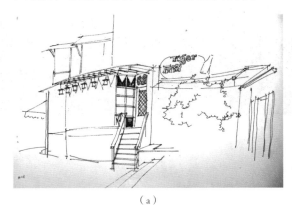

（a）

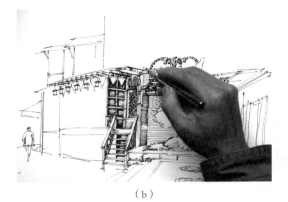

（b）

（c）

（d）

（e）

（f）

图 1-50　实景（一）写生步骤

(a)

(b)

图 1-51　实景（二）

(c)

(d)

图 1-52　实景（二）写生步骤

图 1-53 实景（三）

（a）

（b）

图 1-54 实景（三）写生步骤

第二章 纯 艺

SKETCH & DESIGN OF LANDSCAPE

写生是各艺术学科的基础，在自然中发现美，运用科学的方法，表现美的事物。

图 2-1 实景

怀化高椅民俗村寨一直保留着传统民居建筑，原木及木板相结合，很入画。我采用纯艺速写线条来表现，使画面更贴近现实的民宅的特点，用美工笔的宽、窄变化，蹭、擦效果，完成了该幅画面。这幅画稍微取舍了一下，经济作物的藤架，增加了丝瓜藤、叶，加强了藤架的暗部效果，使画面的空间感加强了。左侧的房子舍去，只留主体建筑，为避免主体房子与右侧屋檐等高，我增加了一根电线杆，让视觉中心更加紧凑。横向的电线上，画两只小鸟，增强画面的情趣，并只用马克笔的 CG、BG、WG 系列画了少许的冷、暖色调（图 2-1、图 2-2）。

图 2-2 写生图

　　高椅的自然景观很迷人，江水清清，几艘老旧的挖沙船在轰鸣地作业。我坐在江边，快速记录这一场景。远山实景略显平了。稍微改动，有起伏，前后变化。左下角增画两艘泊船，构图上就丰富了。用马克笔CG-3、BG-3、CG-5、CG-7由浅入深画出灰调、暗部。远山采用国画中渲染手法，把山峦中的雾留出，突显主体的挖沙船，远近效果增强（图2-3、图2-4）。

图2-3　实景

图2-4　写生图

图 2-5 实景

这是高椅的经典景区，红黑鱼池边的防火墙，高低变化，杂而不乱，很是入画。唯一不妥之处，就是池边的栏杆，本已多余，且晾晒杂物。我在处理这幅画面时，舍去栏杆，采用上实下虚的手法，鱼池边只留出小路，并增画一个人物，右墙上移过来一扇窗，这样画面既饱满又生动。在画古寨子时，用笔一定要多变，要有粗细、宽窄、蹭擦效果，纵向墙面切忌画得太直，要小弯而求大直，远山省去，略画些灰色调，要有紧有松，画面就会更完整（图 2-5、图 2-6）。

图 2-6 写生图

清晨，乘着薄雾来到这石板小路，被眼前的景致所打动，竹篱笆逶延深处，小路尽头，高低错落的房屋就是一幅画。我当即拿出速写本，记录此景。我有意把中间的两棵较雷同的树，挪开成一高一低，一左一右，然后在房屋的左侧有意识地留白，再点缀几个人物，远处的山丘直接用马克笔 CG-2 画，近处的光影关系用 BG-3、CG-5画出。上色时由浅入深，近处的木栅栏用 WG-3、WG-6 或浅棕系列的马克笔，远处的屋子受光面用 WG-3 就可以了（图 2-7、图 2-8）。

图 2-7　实景

图 2-8　写生图

图 2-9　实景

　　这是我在高椅的江边，从另一个角度画的江景，吸引我眼球的，并不是江中的挖沙船，而是远处的山景，顺山势而上的公路两旁，景致很迷人，当我用美工笔勾勒完后，采用 CG、BG、GG 系列 1-5，层层深入，刻画、渲染，把远景画得很细微。近山与远山要拉开，但色系不可偏重，一定要调整画面，在对比中拉开近、中、远的关系。在船首画出波的水流，增加动感。水面倒影要用波纹线来画（图 2-9、图 2-10）。

图 2-10　写生图

画这个景（图 2-11）时，我基本上写实。只是右边的柴堆舍去，猪栏边的废旧轮胎不画，基本上是一个完整的画面。在选定这种题材时，要注意视觉中心是猪栏，了解结构造型后大胆落笔，透视要画准确，远处的防火墙，可适当画高一点。这幅画的起笔，就是从中心画面的第一层斜屋顶开始，瓦面上要有虚实变化，在调整画面中，画面中心的木栏要亮起来，再增添一些家禽，生动而有趣味性。当用马克笔上灰调时，加强暗部关系，明暗光影关系要分明。很多不起眼的小景，只要处理得好，技法娴熟，一样能出好作品（图 2-12）。

图 2-11　实景

图 2-12　写生图

图 2-13　实景

老寨屋顶，看起来很美，但不好画 。当画此类题材时，很多学员望而却步，全是屋顶，看都看花了，怎么画呀？然而，俯视图又是我们必须练习的。我的体会是：从一个中心点开始，也可从一个路口开始画，然后向四周扩展，按房屋的造型特点、走势，慢慢延伸，采用近实远虚的对比手法，从一条路径，由近及远地慢慢推进，最后虚到只有屋顶的轮廓线。切忌全盘照抄，只可录入部分，但又不失原景，通过反复练习，就会在取舍上更进一步提高。从这幅画中就能看出，中心偏右，我基本照实，越往左越虚，当丢掉部分屋顶后，反而层次感分明，近实远虚的效果更强了，用马克笔时，我仍淡淡地上了点灰色调，远山直接用马克笔来画（图 2-13 ~图 2-16 ）。

图 2-14　写生图（一）

在乡村，偶得此景，中间小丘上，居住着几户人家，四周被水塘、水田围绕，树木与房屋、水景自然构筑成一幅很美的画面。这是我为数不多，不加取舍，且照实写景的画作之一（图2-15、图2-16）。

我在画这幅画时，从中心房屋入手，依次屋子后的树木、梯田，再画屋前的晒谷坪、杉树、路和桥。近景的树与石是最后画的，形成一个近、中、远的自然过渡，我几乎没做任何修饰，仅用一刻钟，就快速记录此景。画此类场景，须娴熟、轻松、灵活，运用一些国画用笔技巧，要一气呵成，不可犹豫，从落第一笔开始，要做到心中有数，胸有成竹。

图2-15 写生图（二）

图2-16 写生图（三）

图 2-17　实景

这是怀化洪江古城中一座即将废弃的房子，四周已新建民宅，前坪水塘已被杂草垃圾所覆盖，已失当年清澈见底的水塘。我在处理这个画面时，保留古老建筑，舍去周围新建的建筑，还原水景，增设几艘乌篷船，用 GG、BG、CG 冷灰马克笔画点少许光影关系，画面更集中、和谐，而近处的瓦顶，大量留白，强调中心画面的房屋，左侧画点干枝，凸显了视觉中心。就连当地居民也惊呼，还原了原景。这就是艺术再创作的魅力所在（图 2-17、图 2-18）。

图 2-18　写生图

怀化洪江这个窄巷一下子吸引了我，小巷幽深，拾级而上，巷口上的骑楼很有趣味性，我快速记录此景。

画古建的窄墙，不可画得很直，要随意，也无需修正，要遵循外突内敛的原则。陈旧而斑驳的墙面，在处理手法上找对比关系，实则用美工笔大胆肯定，虚则马克笔冷色代之，甚至一笔不画，大量留白。左侧墙根画少许砖墙，路灯杆要稍稍拔高，再用马克笔 my color 2 CG-3 画点阴影。构图上也打破了巷口两条对等的纵线，同时也丰富了画面。右侧墙根多画些砖墙，切忌与左侧墙根对等的体量（图 2-19、图 2-20）。

图 2-19 实景

图 2-20 写生图

图 2-21 实景

怀化洪江古城是一座古商城，保留了许多明清建筑。当我看到这个拾级而上的门楼时，被这种破败的美吸引住了。我以门厅为主，把握住成角透视，增加清代人物和墙上的窗，舍去晾晒的被单，仔细刻画门及石板路。墙面大部分留白，形成墙体两边为虚，视觉中心的门画实。画面感觉上、下段是实，中间段是虚（留白），然而又一切为门的实来服务。用 my color 2 马克笔的冷灰系列，少许上色（图 2-21、图 2-22）。

图 2-22 写生图

依山而居的老寨人，很会利用山势而建民宅，高低错落，有层次感，除后山的山舍去外，几乎照实写生。但要注意画面的平衡，左边房群多偏重，右边水中补鸭，正巧一群水鸭悠闲地游过，我赶紧记录这一瞬，水面泛起阵阵涟漪，木桩也有韵律感。房子画实，注意瓦片的虚实关系，天空补些飞鸟，让整个画面"活"起来。后面的大山舍去，凸显老屋，组成一幅很优美的画面。用 my color 2、CG-3、CG-5、CG-7 画冷灰色，用 WG-3、WG-6 画受光面的暖色灰调（图 2-23、图 2-24）。

图 2-23　实景

图 2-24　写生图

这里是湖南一矿区，正是练习美工笔的好去处。点、线、面自然构成。在画这幅画时，我就想怎么构图，怎么取舍？首先把面前横着的管道舍去，只取中间一高一低塔炉，然后把瓦房画进来。当我按此思路写生时，几乎一气呵成，最后在整理时，点缀几个工人。画面采用上实下虚的手法，用几支 my color 2 马克笔 CG、BG、GG 冷灰色、暖灰色画点调子，画面的力度感增强，很有视觉冲击力（图 2-25、图 2-26）。

图 2-25　实景

图 2-26　写生图

图 2-27　实景

　　这幅矿区写生，完全是再创作。在本已废弃的厂区，再现当年热闹繁忙的场景。虽已杂草丛生，但我还是被矿区的宏伟冶炼炉震撼。当即构思构图，除主体照实记录外，其他烟雾、人流、车载均还原于过去，使本来过多纵向的线条穿插横向的烟雾，打破呆板的格局。在手法上，主要是上实下虚。运笔时，采用多变的宽、窄线，充擦出灰调。这样处理，画面生动、活泼。用马克笔 CG-3、CG-5、CG-7，上少许冷灰色调，用 W 系列画暖灰调，强调黑、白、灰效果（图 2-27、图 2-28）。

图 2-28　写生图

图 2-29 实景

这幅江边的景，写生的角度很好，当走近一点，画面更加集中。左下角的渔船只画一部分，凸显上面那艘渡船、泊岸、人流，顺着沿岸往上，视线聚焦在渡船上，疏密合理，层次感强。水面除了画些倒影、阴影，大量留白。用笔运线一定肯定，透视要准确，渔船的锚稍画一些，远处的挖沙船和对岸的山尽量淡，画虚，只看到一个大概轮廓即可，强调远近感（图 2-29～图 2-31）。

图 2-30 写生图（一）

SKETCH & DESIGN
OF LANDSCAPE

图 2-31　写生图（二）

图 2-32　实景

　　在宏村，高耸的窄巷比比皆是，但如图中有排透视感极强的木栅栏，而形成自然延伸的景，并不多见。显然，两幢交错的宅楼间及木栅栏，就是此画的趣味中心。在此图中，我比较多地运用留白的手法，来简化巷道屋子面上的灰暗色调，进而强调其色块在平面上构成效果。为配合这一构思，整体外形就更加的自由和平面化。马头墙只勾勒出外形轮廓，而把重点集中在视觉中心上——巷道中的路面幽深昏暗左侧墙面按透视的走线。画出灰色调，还有木栅栏，画出纵向线的暗，而组合不同的用笔、运线，把视觉中心刻画得很是到位。远处画一个人，马头墙上增添一株枯枝，加强了形式美感（图 2-32 ~ 图 2-34）。

图 2-33　写生图（一）

SKETCH & DESIGN
OF LANDSCAPE

图 2-34 写生图（二）

图 2-35　实景

我很喜欢根据某个趣味点来联想和发展构图。这桥及桥边阶梯吸引了我，为了使结构紧凑、有力、透视感强，我增画两艘小船，增强趣味性。视觉中心位置，我着重刻画入村的门及桥边的阶梯，仔细画出暗部及阴影关系，整个画面近实远虚，但实中有虚，虚中有实。为打破成角透视所造成的阶梯状马头墙，稍微画了远山的轮廓，加画一个天线，使画面达到相对平衡的效果（图 2-35 ~ 图 2-37）。

图 2-36　写生图（一）

图 2-37　写生图（二）

另一幅，从民居的近处画的外墙，这就要求我们画出材料的质感来。同样的角度和构图，由于景物的远近不一，视觉中心刻画要到位，从线条的组织上说，轻松中不失严谨，严谨中不失活泼（图2-38、图2-39）。

图2-38 写生图（三）

图2-39 写生图（四）

图 2-40　实景

江西的三清山有座古老的"三清宫"庙宇，完全是石砌的，基座的巨石上还雕刻着神兽。我拾级而上，画了这个景。美工笔的宽锋、侧锋、反笔画出滞涩的笔触，也正好表现出风化的山石韵味。这幅画的取舍仅两处，舍掉松树的树干，保留天空中松枝，取石板阶梯，从下而上地延伸，让人感觉引领神游。右边虚掉一部分，与左侧的实形成对比（图 2-40～图 2-42）。

图 2-41　写生图（一）

SKETCH & DESIGN
OF LANDSCAPE

图 2-42 写生图（二）

图 2-43　实景

　　沙滩边上几艘废弃的船，静静地横在水中，形成一个整体的结构。当我再走近几步时，就有画的冲动。在这个小水湾之中，搁浅了不少船只。我当即用美工笔的宽锋表现近处景物的厚实，用滞涩充擦的线条快速顺小湾走势而运笔，画出沙滩的坡度及质感。远处的船舶，只画点轮廓，隐隐约约。这是用纯艺线来表现的，充分表现那种轻松、自然、厚重的感觉。此类作品切忌行笔过慢，不可僵化，虽然是一个相对静寂的物象，但一定要画得生动（图 2-43、图 2-44）。

图 2-44　写生图

图 2-45　实景

这是长沙一处千年古井——"白沙井"。四口小井很小很浅，可长年泉水不止。无论多少人打水，源源不绝的水始终水面平于井口。这个古井的外形也保留至今。我在作画时，为了突出主体，增强趣味性，舍去繁杂的树木，勾勒出古井外形，画上打水的人群，还原于麻石板、石阶梯，增画两盏挂灯，打破一下横式构图的不足。美工笔的用笔运线，尽量要轻松随意，切勿画僵硬。看准外围轮廓，下笔一气呵成，不可犹豫。在对比中，稍画点调子，更显古井的沧桑感及悠久的历史（图 2-45、图 2-46）。

图 2-46　写生图

江西宏村，这样的景致很多。我选了这个水景，桥和亭子是我刻画的主体景观。为凸显那座石桥，尽量画虚桥后的建筑，而亭子取了半边，入水阶梯旁自然停泊两艘船，水面除倒影外，有意留白，显得水面清澈。这是个一点透视，所有斜线均向远处的灭点聚焦，使画面更集中、透视感很强烈（图 2-47 ~ 图 2-49）。

图 2-47　实景

图 2-48　写生图（一）

SKETCH & DESIGN
OF LANDSCAPE

图 2-49　写生图（二）

图 2-50　实景

这一处老宅很适合写生，极强的成角透视。我在处理这幅作品时，理性地设置左侧墙面为受光面，右面墙作为一个背光面来处理，这样既能充分表现老墙的斑驳效果，又能给右侧的树干留白，下面的瓦面也能处于一个受光面，形成一种对比关系。左边的树用实画法，在墙面是白的情况下，画出上升而舞动的树。树下的矮墙，只画一个轮廓，让右侧的杂屋画厚重。最后，用少量的几支马克笔画些冷暖关系，整个画面更精彩起来（图 2-50 ～图 2-52）。

图 2-51　写生图（一）

SKETCH & DESIGN
OF LANDSCAPE

图 2-52　写生图（二）

钢笔淡墨及水墨画也是我写生常用的手法。根据景观形态的不同，用适宜的手法表现。江西三清山到处都是国画韵味的山水，我用美工笔勾勒出近、中景，然后用淡墨来渲染，远山直接用毛笔画山形，并留出云遮雾罩的感觉。还有一幅完全用毛笔画出水墨效果。另几幅均采用综合手法表现。这对概括简练写生有很大的帮助。实际上，绘画在技巧上都有相通之处，多练、多画，就能掌握好黑与白、浓与淡、远与近、实与虚的关系（图 2-53 ~ 图 2-57）。

图 2-53　写生图（一）

图 2-54　写生图（二）

图 2-55　写生图（三）

图 2-56　写生图（四）

图 2-57　写生图（五）

图 2-58 实景

市区中，即将拆除的老屋映入眼帘。该景需做较大的取舍，上部分两边的"人"字形房顶、后面的高层建筑都舍去了，只保留中间那破败的房屋。左边增画了电线杆，稍画些垂叶，以求画面的均衡，而右边的自然虚掉。建筑的下部分棚屋，基本保留。线条和明暗的描线，可以围绕实际建筑来表现（如墙砖、瓦片等），也可以不受实际材料的限制而作纯粹的绘画处理（如棚屋左上的电线杆和树木）。要赋予画面更多的审美内容，就要源于生活，高于生活。描绘暗部的色调，要去制造一些空白或浓淡等笔触的变化，要让暗部有"内容"，不可画死。暗部画死了，就不透明，失去了可看性。笔触在统一中求变化，路面上的石板路，也是为画面服务的，增强透视感（图 2-58 ~ 图 2-60）。

图 2-59 写生图（一）

SKETCH & DESIGN
OF LANDSCAPE

图 2-60　写生图（二）

图 2-61 实景

凤凰古城的城墙上，从这个角度完整看到这一组依城边而建的重叠屋宇。我在表现该图时，以便桥作为一个引导，引入远处的城门口，城门作为一个暗部处理，而城墙是明部。为了使画面更集中，我舍去城中的房屋和远处的山，更显城建的雄伟。瓦顶轮廓的色调变化也是遵循遇明则暗、遇暗则明的对比原则所作的主观处理。水的流动感及倒影的处理手法，既要客观，也要主观。桥的左右侧是一个跌级，右侧的水流冲击而下，形成一个自然的波光带，与城门暗部的侧影形成强烈的对比，使画面生动起来（图 2-61 ~ 图 2-63）。

图 2-62 写生图（一）

SKETCH & DESIGN
OF LANDSCAPE

图 2-63　写生图（二）

图 2-64 实景

此画中的一景紧凑而独立，尤其是入户雨棚与屋顶阁楼的天窗，吸引着我。门厅的色调十分浓暗，颇有视觉分量，特别是雨棚屋顶、墙体和地面阴影，共同分隔出空间各界面，很有趣味，因而成了吸引眼球的焦点。

从照片的角度看此景，显然不具有可资发挥的外形，得让它们形成一个整体，有机地结合起来。经过一番悉心审视和形式分析，我重点放在雨棚、天窗和墙上，雨棚的立柱过于厚重，我画成原木的，雨棚就像随意搭上的几块板。屋顶上的天窗与瓦、与雨棚联系在一起，其他的瓦面少画或是不画，墙面的窗与烂板墙联系在一起，再增加一根电线杆，使画面有虚实黑白对比感，有趣味性。只要取舍得当，画面的氛围感都增强了（图 2-64 ~ 图 2-66）。

图 2-65 写生图（一）

SKETCH & DESIGN
OF LANDSCAPE

图 2-66　写生图（二）

图 2-67 实景

这是一幢残破不堪的老屋。当我从对面楼上向下观望时，禁不住要叫好起来，这一俯视透视映入眼帘，激起我作画的情绪，除了物体本身具有的动人形式感外，更多吸引我的还是看到了相应于表现媒介的某些重要特征，栏杆、楼面、楼梯、屋顶、人物组合成一幅天赐的画面。整幅作品，从屋檐边线到靠墙楼梯形成一个"C"字空间。顺着"C"字引导，指向一位正在阅读的老人。

我在画面处理上，强调楼面，顺透视引申到暗部增加些挂件和人物，让画面生动起来。而柱子按透视原理，上大下小，消失于地点，增强俯视透视感，综合运用美工笔的粗、细、蹭、擦、顿、挫，努力还原建筑的残破美感（图 2-67 ~ 图 2-69）。

图 2-68 写生图（一）

SKETCH & DESIGN
OF LANDSCAPE

图 2-69 写生图（二）

图 2-70　实景

图 2-71　写生图（一）

这是一处即将拆除、改造的民居，想不到如同深山隐居，却在闹市中立足几十年。在实景中，景物的色调纷繁破碎，需要我们有目的地组织，善于发现景物中并不显要但却能形成支配画面结构的因素。我以左侧的树和右边的墙为取景构图的边框，凸显视觉中心的门、人物、阶梯，使其影调结构显示出绝佳的趣味中心，在暗调结构中，清晰画出墙体底层的暗调子区域，为画面建立了稳定的基础，给画面带来极强的表现力。悬垂的树叶，仅画了边线轮廓，尽量弱化，不可抢主体中心。画面的中心更增加了在暗部中层次关系，而且也增加画面的整体感（图2-70 ~图2-72）。

图 2-72　写生图（二）

另一个巷景与这个构图类似，两边尽量虚，或是留白，凸显巷中的景。注意两边的墙壁线，不可画得太直，要有弹性。从构图上来看，左右两边的墙面体量关系不能对称，要一边多，一边少点（图2-73、图2-74）。

图 2-73　写生图（三）

图 2-74　写生图（四）

图 2-75　实景

即将拆毁的铁路，常常也是我拾景怀旧的好去处。这个角度的视觉冲击力很强，铁轨不断延伸，直到消失在视平线的灭点上，有极强的透视感。我在画时，几乎都是暗调子，显现历史的厚重感。在线条的处理上刚柔并济，垂直的电线杆也有意做聚、散、歪、斜的整合，远处的地平线上停列着破败的厢体，暗调子当中穿插着几缕留白的植物，不至于画面过死、沉闷。而原本硬直的电线，也处理成极具弹性的弧形线，增强了韵律感，跟着透视消失于远方（图 2-75、图 2-76）。

图 2-76　写生图

　　在一处沙洲上，我看到一组破旧老屋，选取好角度，随即就把当时的感受画出来了，略带俯视效果，集中表现主体建筑。此画，我主观改动的两处，一是正面的屋顶横向长度减短了，二是左下的杂草省略大部分，使画面更加完整而又紧凑，色调上的明与暗鲜明起来。色调上，我首先考虑的是正面的来光，大家可以从我对屋顶瓦面和地面的处理上看到这一点，美工笔的暗部色块及明调中细节表现，还有留白的受光部形成对比。为增加趣味性，在汀步上添画几个人物，从而营造出主体的趣味与活力。

图 2-77　实景

　　除黑、白对比外，还得仔细描绘灰色调。灰色调是画面中最富于变化、最有看头的层次，也最难表现，有大效果，也有细部。画时要利用美工笔的快速运动，蹭擦出灰色的整体色调，在笔触或色块之间，留下空白和明暗差异以及色域中排列线条的粗细变化而形成的肌理效果，充分利用建筑墙面自然形成的斑迹、漏痕、残缺去创造性地处理平面的变化，生动再现画面的感染力（图 2-77、图 2-78）。

图 2-78　写生图

图 2-79　实景

在已干涸的河床上，偶遇搁置多年的小船。我围着它四周，仔细打量，发现废弃已久，朽损严重，但以其为主题以环境为辅可以描绘一幅很好的作品。从这个角度来看，空间的形式感富于变化，船身与船上的棚子会构成许多有趣的光影及正负形状的变化。我很喜欢根据某个趣味点，并利用周围实景去发展想象，并加以组合。

为了更加贴近当时所见的情境，我采用铜板蚀刻的手法来表现物象的质感和肌理，从而接近于实景，准确表达光影关系。在作色时，考虑到泥土、船体和远处盛开的油菜花，我以棕黄色为基调展开并深入。为了拉开空间关系，在船体与油菜花地之间增画了点水面，使画面的色彩关系既统一又多变（图 2-79 ~ 图 2-82 ）。

图 2-80　写生图（一）

图 2-81　写生图（二）

图 2-82　写生图（三）

图 2-83 实景

　　来到一处木栅栏围合的菜地，这个角度吸引了我，远处的民居恰到好处地立在画面中偏左侧。我把焦点对准木栅栏，仔细刻画入园门，而植物藤蔓画得有起伏变化，取舍得当。在拐角的栅栏处，有意少画或是不画植物，尽量画得通透，凸显栅栏。远处的建筑上实下虚，保持该建筑的高点，建筑后的树木可不用画了。栅栏门前的汀步是增加的，起一个画面趣味中心的引导作用。注意栅栏里外的植物，要外明内暗。画色彩时，更应注意到这色彩关系，天空仅用彩铅轻松画出，与建筑相接。地面的植被也可用彩铅，顺坡度扫一下，右侧的木桩很重要，有意识拔高了，向画内倾斜。整个画面既整体又集中，用笔用线一定要轻松（图 2-83 ~ 图 2-86）。

图 2-84 写生图（一）

图 2-85 写生图（二）

图 2-86 写生图（三）

图 2-87　实景

　　这是一个木材加工场，从照片中可以看出，我几乎是照实画出的，实景本就是一个完整的构图。左侧的工棚略为偏重，偏大了点，用右侧电线杆来调节平衡。此类题材的画，要注意几点：一是对内部结构的了解，不要把暗部画得过黑，要从暗色调中分析出结构来，明中有暗，暗中有明。切不可把屋顶的顶棚画得漆黑一片，要由暗到明的渐变，还得画得有通透感，穿过木板房，看到远处的房屋结构。为表现路面中间凸起的感觉，扫一些横弧线，远密近疏。二是要注意平衡，凡一边较黑重，另一边则用高耸而立的电线杆补充画面，达到均衡的目的。最后，在屋中点缀一点人物（图 2-87 ～图 2-89）。

图 2-88　写生图（一）

SKETCH & DESIGN
OF LANDSCAPE

图 2-89 写生图（二）

图 2-90　写生图（一）

在湘江边上，见到素描感极强的画面，当即画下此景。天空中灰蒙蒙的效果，用两头重中间轻的笔调，通过蹭擦效果来完成。在视觉中心，画几只小鸡，增加画面的趣味性。此幅画最要注意的是暗部的处理，切不可画死。树与树之间，也要画出它们的微妙的关系，有时尽管实景树与树之间的轮廓边沿不是很明显，我们也要理性地区分开来，增加层次感。就连岸的坡度，也要真实地表现出来。草丛坡地是一整片，不可画碎，而河滩上的重色，也是为了烘托草的白、灰调子（图 2-90、图 2-91）。

图 2-91　写生图（二）

这一张写生，是我路过一乡村，被一破败而又荒废的小卖部所吸引，从这屋一侧，有一条小道通向远方，强烈的透视及纵深感，驱使我用素描的形式画下来。

落笔构图前，我看了几个角度，从不同的视点观察，确定我要表现的景象，最终确立了画面的这个角度，房屋在左边，路面延伸向远方，树木、房屋构成一幅很好的景（图2-92）。我用美工笔采用多种技法，运用宽锋、细笔、蹭擦完成了这幅画。这一幅画几乎没有取舍，唯一设定了受光面和背光面，一些阴影的处理，墙面的土砖要有虚实变化，从整个画面的横向调子走势，由左到右均是对比关系，是白＋黑＋灰＋白＋黑＋灰的过程。这样画面就有可读性，纵深感增强了。地面的处理，我根据"块"、"面"和"体积"来处理。在技法上，采用了铜板蚀刻的手法（图2-93）。

图2-92　实景

图2-93　写生图

图 2-94 实景

这个老旧而废弃的锅炉，已静立在这几十年，锈迹斑驳，承载着述说不尽的历史和过往，曾经的辉煌已逝去，从炉内溢出的炉渣仿佛昨天还在努力运作。我静静伫立在此，细细观察，想读懂它，并有心画下它。

画之前，我围绕该炉仔细打量，最后选取这个角度（图 2-94）。第一笔，我就画出管道的弧形线，然后，顺势而下，一直画到炉口，渐渐向两边推移，在调整时，认真刻画视觉中心，最后，用马克笔 WG 和 BG、CG、GG 各冷、暖灰色调快速完成灰色调。整个画面有种力度感、张力感和金属感（图 2-95）。

图 2-95 写生图

　　这几幅从不同角度表现的画面，真实反映出我当时的感受。从近、中、远不同的手法描绘山石、村寨、晨景、残壁。在写生时，我们要做到构图严谨。残破不堪的墙上，几个支撑的木领子，在光影下很显眼，我在墨迹未干时，快速用手抹之，形成自然的阴影效果。村子的路口，描绘要完整，为了让构图更趋于合理，达到均衡的效果，我在画面的左侧增画些垂柳，用马克笔上了点灰调子。晨景最主要的是远山云遮雾罩的处理手法，采用渲染的方式，用笔、运墨层层化开，由深到浅地渲染。山景的这一幅，我是在近处画的山峰，顺梯而上地展开，岩石的力度和硬质感要表现充分，而树木一层层间，找出对比关系，不可画杂画乱。这几幅所表现的手法各异，就是考虑到要表达的对象所处的时辰与环境（图2-96）。

（a）　　　　　　　　　　　　　　　　　　　　（b）

（c）　　　　　　　　　　　　　　　　　　　　（d）

图2-96　写生图

第三章 景 观

SKETCH & DESIGN OF LANDSCAPE

　　在景观写生中，徒手画的最终目的是为手绘效果图服务。工艺线条运用多，反笔为主，正笔为辅。

图 3-1 实景

这个古建长廊场景，请对照一下照片（图 3-1）和写生（图 3-2 ~ 图 3-4），长廊有个转折变化，我席地而坐，发现前面的几棵银杏，大小及高度太一致，就取其一，长廊后的树梢遮挡了封火墙，我有意识地画小，并挪了点位置，前坪增加了汀步，整个画面的效果就好多了。

上色时，先用马克笔 CG、GG、BG 冷灰系列，画暗部阴影关系，用 WG 系列，由浅入深地画受光面的暖灰调，如墙体、瓦面，再画固有色，然后逐一从植物、植被、花境入手，再画窗及天空。如果把握不住天空的云彩，可先画些天空的云彩线，再画蓝色天空。白云适当留出一宽一窄的余地（图 3-1 ~ 图 3-4）。

图 3-2 写生图（一）

图 3-3 写生图（二）

图 3-4 写生图（三）

图 3-5　实景

这是一小区的庭院景观，我从不同的角度反复观察，最终确定这一最佳位置。在构图时，就考虑这个亭子画在偏左的位置，然后，在亲水平台的右侧增加一个立柱，再画一个陶艺，对画面增色不少。这就是我们常用的取舍中的"取"。从颜色的处理上，尽量简单，先用马克笔的冷灰系列，由淡到浓，依次画出暗部及阴影。然后再用固有色，由暖色到过渡，通常是受光面暖，背光面冷。采用的是前暖后冷的色调处理手法（图 3-5 ~ 图 3-8）。

图 3-6　写生图（一）

图 3-7　写生图（二）

图 3-8　写生图（三）

图 3-9 实景

小区的景观，往往建在楼盘之间，如果不加取舍地画实景，显现不了景观的魅力。我在处理这个画面时，完全舍去了后面的建筑，让背景留给天空。其他就基本照实画，右边的垂柳取代原树的雷同，水面的仙鹤雕塑与岸堤上的石头，采用了虚实对比手法，让画面生动自然。上色时，用 my color 2 150、154、155、152、47、42、35、37、182、185、60、66 依次上树木、亭子、堤岸、天空及水（图 3-9 ~ 图 3-11）。

图 3-10 写生图（一）

SKETCH & DESIGN
OF LANDSCAPE

图 3-11　写生图（二）

图 3-12　实景

长沙岳麓山，有一个"岳王亭"，来到这里，有种宁静、安详的感觉。忍不住放下心中的浮躁与喧哗，坐在山丘上，静静地观察这一景致（图 3-12）。

找准视平线，确定一点透视，第一笔就画亭顶，与纸边留有空间余地，仔细刻画亭子，然后画横向的桥、纵向的路，依次展开。干枝不可画太直、太平，要有参差变化，有密有疏，用 my color 2 马克笔 150、154、155、42、46、58、55、51，画出植物的渐变及冷暖关系色。用 fandi 182、185、66、61 画出天空及水面色。用 GG、CG、BG 冷灰色画出暗部与阴影。最后在天空画些飞鸟，一来达到画面的平衡的目的，二来增加灵动感（图 3-13、图 3-14）。

图 3-13　写生图（一）

SKETCH & DESIGN
OF LANDSCAPE

图 3-14 写生图（二）

图 3-15 实景

长沙沿江风光带景观，以人为本的意识不断增强，出现越来越多的人文景观。这是一处干沙溪景观，小孩们最喜欢在此游玩。为了突出这一景观，我舍去了背景中梯状雷同的植物，只保留桥后面的两株香樟，左侧增设一个路灯，让画面尽量干净，舍去一些繁琐的杂景。沙丘踩踏的痕迹用美工笔勾、擦的笔韵画出，注意聚散，不可满画。沙岸石要画得有力度和厚重感。桥、树木、石头，都要画出阴、阳、向、背关系。再在桥上与路上点缀几个人物，这画就完整了（图 3-15 ~ 图 3-17）。

图 3-16　写生图（一）

SKETCH & DESIGN
OF LANDSCAPE

图 3-17　写生图（二）

图 3-18　实景

这个广场的景墙，做得很好，有种历史文化感。景观下的水溪已干涸了。我带着学生来到这里，有意识再现水溪情景，除景墙照实表现外，大小杂乱的石头要取舍，溪水两边的石头近实远虚地刻画。画水时，显露几个大小石头即可，而右边的墙面石头，从整体上来画，有那么点轮廓就行，不必画得太细，不然会抢溪边的景墙。墙顶的植物画些暗部关系，以突出景墙。左侧的远景尽量画虚，虚中要有形（图 3-18、图 3-19）。

图 3-19　写生图

中国园林古建筑大多是通过不断地模仿与重复，并增加繁琐装饰而被强化和固定下来的，相比变化多端、造型各异的民宅、古寨来说，不那么入画，但作为一个园林设计师，这一主题的练习，还是必不可少的。在动手画此类亭子前，一定要清楚是四方亭、六角亭，还是八角亭；有几层，其结构关系是怎样的；是一点透视，还是成角透视？都要有深入仔细地了解。我在画这张画时，讲究一笔定"音"，先从避雷针画起，然后，定好斗拱的几个高低点（成弧形）。上下层斗拱的位置、宽度及体量的把握，明与暗的关系，就是两边的竹子，也要做到大与小的对比，舍去背景的香樟，使整个画面不显得呆板，既统一又有变化。前面增添几块汀步，起引导作用，画面更完整了（图3-20、图3-21）。

图 3-20　实景

图 3-21　写生图

图 3-22 实景

这是一处别墅的前坪。一把遮阳伞，几把椅子，记录着惬意、悠闲的生活。我采用工艺线条，把伞景作为一个主体刻画。地砖呈中心圆，向四周扩展，伞下的阴影，作为一个暗部来处理。由实往虚渐画，虚中又能看到实的地心轮廓。然后，取别墅一角，庭院中的矮墙及铁艺门完整表现出来，树木的取舍也要讲究，伞后的高树木、高层建筑尽量舍去，追求画面的总体感，不要过多繁杂的东西。唯一不妥之处，意向拔高的庭院灯，更高点就好了，不可树木和伞连接在一起。这幅作品，主要以美工笔的反笔，且两头重中间轻的运笔来完成（图3-22、图 3-23 ）。

图 3-23 写生图

这是一处公园自然溪景。进入冬季，顺山势而下的溪流已干涸。我有意带着学员们，来到此处进行补景再创作练习，把水的跌级画出来，重点描绘这一处的石头跌级，近实远虚的刻画石头，然后，画出流水冲击的线条。在水面的浅层，多运用些 S、Z 形线，要有流动感。竹、树既要茂盛，又要概括整体，同时也要把纵深感表现出来。

从画的色彩关系来看，前暖后冷。用马克笔的 48、47、46、42、58、55、51 等型号，逐渐由暖到冷地画出层次关系，石头的表现除固有色外，要用冷灰色 CG-2、3、5、7 画出几个面的明暗调子（图 3-24 ~ 图 3-26）。

图 3-24　实景

图 3-25　写生图（一）

图 3-26　写生图（二）

图 3-27 写生图（一）

这座别墅景观很迷人，宽敞的院子里，种植着很多名贵树种。大门出口，就是一座桥，过桥即是一个广场，广场中央设置一个莲花式喷水池（图 3-27）。

这幅写生，除了莲花喷水池的花坛，只勾了点轮廓外（作虚处理），其他都没改变，有意识表现透过景观中，被绿色树木环抱的别墅。我用美工笔的反笔，运用工艺线条表达，基本上都是勾线，稍微画了点明暗。右边冲顶的干枝很漂亮，勾勒得很仔细，原来此树并不高，我有意为之。目的就是保证画面的均衡，否则照实处理画面，左边就会重了。用马克笔上色时，仍先用 BG、CG 冷灰色系列，画出暗部及阴影关系，然后，再上固有色，前后树色系，要有变化，切勿雷同，雷同有几种，一是用笔一致，二是形状相同，三是色彩没拉开。只要加强这方面的练习，就会避免雷同（图 3-28）。

图 3-28 写生图（二）

局部的小景，也是我们常常要练习的。在一家店门口，无意中看到"图腾"这一组小景。在画这幅画时，要突出图腾、石草、啤酒桶，舍去周围繁杂的东西，刻画图腾要仔细，石材的感觉要画到位。虽然啤酒桶也处在亮部，但我理性处理成一个冷灰调当中。由于构图的需要，植物的形式上只选择了依附在图腾上的少量植物，而前面的大小石头，因为是在前面，画得最亮，形成石头"高调"、图腾"灰调"、啤酒桶及植物"暗调"的主观处理手法。而从图腾顶部植物到啤酒桶，再到散尾葵，顺延到石头，形成一个S形的造型。这样就很紧凑，也使画面的形式感加强了（图3-29、图3-30）。

图3-29 实景

图3-30 写生图

图 3-31　实景

这一景象是我从一小道中穿行所见，松散而繁茂的树林中，静立着一个凉亭，被蒿草淹没的屋顶，像是久未人打扰，使人涌起一种苍凉的感怀，一切都显得那么静谧、幽深。我被此景拉入了一种难以控制的冥想之中，仔细观察这亭原来还是连体亭。我梳理了一下画面，分析层次关系，提笔作画时，为强调主体，横向的中间段，用暗部围绕着亭子，四周则弱化或是留白处理，画面就集中了许多，而且前后层次关系也更分明。我的画从不回家修改，都是当即整理完成，要的就是当时的感觉（图 3-31 ～图 3-33）。

图 3-32　写生图（一）

SKETCH & DESIGN
OF LANDSCAPE

图 3-33　写生图（二）

图 3-34　实景

这个店铺食客云集，建筑造型也很特别，飞檐亭阁灰瓦，构筑了一座相当独立而又整体的高低错落的建筑群，有起伏重叠的屋顶而又衔接形成的趣味。在画时，我几乎全盘录下，只是舍掉亭边的横幅，加高了屋顶右方的烟囱，从而使画面达到了平衡，不至于左边过分厚重。色调的处理，主要是围绕该建筑的感觉来进行的。实景的暗部过于凝重，通过强化光影的处理，获得了有趣的黑白灰的效果，大片黑暗色调中层次被明朗化了。层次清晰化是一个重要手法，当刻画细部时，注意就每一个点或是局部对焦刻画，如同镜头对焦一样。我重点描绘了该食铺的门楼、灰瓦，立柱要画得到位，实中有虚，虚中有实，而右边的亭子，概括而整体表现就行，屋顶的瓦几乎没画一笔，只是体现一个块面。最后整体调整时，我在屋顶远处，加了树，路面增画些汀步（图 3-34、图 3-35）。

图 3-35　写生图

此画是在浏阳河畔所画。江边的景很多，走在木栈道上，我被这个厕所造型吸引，打破了传统概念上的厕所造型，简单而又现代，乍一看，还以为是个休闲茶吧。我在动笔前，对景物作了一番审视和形式分析。当我后退几步就有一幅完整的画面了。该建筑的结构看起来简单，但其有变化，中堂凹进去，两边耳房对称凸出，四壁都是大块落地玻璃，且做了些造型。我完整地表现建筑主体，并主观设置受光面，从左边照射，好好清理了杂而散的植物配置，并在突出左边树干之后，把远处的树木画成暗色调，使本来很松散的画面，一下子连接起来，用明与暗的色调差异表现出建筑凹凸之美。在作品中分化出明晰的暗调结构及细节表现，两者要配合得紧凑、连贯而又有变化。稍微用马克笔及彩铅上点色即可。最后，在天空中补画些飞鸟，画面就更趋完整（图3-36、图3-37）。

图3-36 实景

（a）

（b）

图3-37 写生图

图 3-38 实景

冬季除了常绿树种，其他的树树叶都掉光了。我来到公园一隅，发现粗大的银杏树，歪歪斜斜地立在那里，正好突出了凸形长廊和亭子。我很快用美工笔的反笔勾勒出轮廓，稍稍画了点暗部和阴影，而银杏树干就这么勾描到位，不再修改，这幅画就完成了。

从这幅画可看出，我突出主题，其他植物的配置，都是为主体服务。左侧的罗汉松和黑松，在画面中是近景，在刻画时，要细而概括，与岸石的用笔用线要有变化。长廊和亭子是主体建筑，描绘要到位，不能走形，亭子的背影，用暗部的植物压重，凸显几个立柱，而右侧都是留白，让视线停留在画面中心，这是很有代表性的处理手法。右侧的银杏树画出留白的树干，用树枝的疏密，重组银杏造型。而下面的黑松部分，本应与上面的银杏形成一明一暗的对比，但我最终还是觉得大块留白，只露显黑松的轮廓更到位些。因为银杏线条多，下部分则要少，且不宜画重，画重了，很容易与左侧的黑松雷同，所以我在整理画面时，是不断做些主观调整，直至达到最佳效果（图 3-38 ~ 图 3-40）。

图 3-39 写生图（一）

SKETCH & DESIGN
OF LANDSCAPE

图 3-40 写生图（二）

图 3-41　实景（一）

图 3-42　实景（二）

　　这是一个小区的广场，欧式的喷泉景观立在广场中央。画这一类主题的景物，必须观察仔细，不要急于动手，思想准备工作要做足。首先，围绕该物体，观察有多高、几层、体量多大、人物雕像、马匹动态，包括喷水口、质感纹理，然后选择角度、距离，还得看准视平线的位置，做到胸有成竹了，就马上定位画轮廓。我从人物雕像的头部入手，逐渐往下部分扩展，采用的是"找点法"，左、右、上、下都找点定位，这样就能准确控制画面，把握整体画面的色调控制，重心是喷泉，略画点素描的调子，铜狮雕塑和远景建筑，采用留白虚化处理，但轮廓与形用线勾勒到位。拱形门之间，用云彩线连接，与众多的硬质线，形成一个柔性线条的对比（图 3-41 ~ 图 3-43）。

图 3-43　写生图

　　长沙贺龙体育馆前，有一个世纪广场，几组雕塑做得很好。我几乎每一组都画过，钟爱它的力量感、动感。雕塑造型能力极强，手法技巧运用娴熟。这一组的视角，选择成角透视，仰角度，用笔用线不同于上一幅"喷泉"，我用正笔、宽锋等笔触，落笔肯定，轻松自如，来表现它的力度感、质感，很好地诠释了这一组画面的整体感。主体雕塑后的树木、建筑尽量虚，留白，背景的高楼上实下虚即可（图3-44～图3-45）。

图3-44　实景

图3-45　写生图

图 3-46　实景

选择一个比较高的视点来画这个亲水平面台。从这幅作品中。我强调了该景观的平台和路径，形成一个反"C"字形。以此为分段，上、下两截部分。上部分是树林及建筑，尽量画重树林，下部分的暗部留出岸边路径，水面画成深灰调，天空画些云彩线。因为是春景，我选择 my color 2 的 150、154、155、42 来画植物，显得春意盎然，色彩明快，树顶端的轮廓线留白，用建筑中的蓝色玻璃压重，形成对比。天空部分，用彩铅画些淡淡的云，打破建筑物纵线过多的生硬状态。而画作中的下部分，重点刻画路径及水、草，稍画些灌木即可。上色时，宁少勿多，少上一点，不要有上面树林与下部分灌木连成一片的感觉，只要有些呼应就够了（图 3-46 ~ 图 3-48）。

图 3-47　写生图（一）

SKETCH & DESIGN
OF LANDSCAPE

图 3-48　写生图（二）

图 3-49　实景

小区园林景观中依水而建的景区，都是开发商所做项目的一个亮点。我们也常常光顾水景，该水系景观依会所而建。当我看到亲水平台四周景致，无论从哪一个角度都很入画，环形小道，引领你停留在此写生。对面的亲水平台，如同一个表演舞台，从舞台沿阶梯拾级而上，是一个长满青藤的廊架，我坐在遮阳伞下，迅速用笔记录此景。为了凸显廊架，隐去廊架后面繁茂的树林，仅画了后排的一些矮灌木，增强廊架的通透感，左边的喷柱及伞以达到画面的平衡感。画水时要注意，由于喷泉的冲击，使水面产生阵阵涟漪，要用弧型短线勾画而成（图 3-49、图 3-50）。

图 3-50　写生图

　　沿江风光带的景致，几步一景，远观近瞻别有一番风味。我在这个位置不知画了多少张，但每一次都有不同的感受。这一次就是在原照片近一点的位置所画，我坐在景墙处，张拉膜和路灯的气势增强了，空间感也加强了，我把地面上的平直铺装，有意识画成弧形，更加强纵深感。植物从表面上看，是一个色调，但要理性地画出对比关系、树与树之间的空间关系，这样也把近大远小的透视关系画出来了。灯的高度，我也有意拔高了些，原来的高度与张拉膜尖顶等高，一来太平，二是透视感不强。当高度拔高后，效果就更为明显了（图3-51、图3-52）。

图 3-51　实景

图 3-52　写生图

图 3-53　实景

这幅写生，源自一路边小景，亭子和树构筑一幅简洁的对角构图，由于视平线很低，正好省去山丘的背景，显得天空很洁净。亭下自然堆砌的石头，起到引导作用，给人一种顺石往上看的感觉。这亭子是双联亭，也得交代一下后面亭顶及斗拱，在最后整理画时，点缀几个人物。另一幅也是如此，桥与亭很和谐地配在一起，正好也是个对角构图，稍用马克笔画些冷、暖灰色。画此类作品，更能提高我们快速写生、去繁就简的能力。我们常说的用减法的手法来表现，就是做此类写生（图 3-53 ~ 图 3-55）。

（a）

（b）

图 3-54　写生图（一）

（a）

（b）

图 3-55 写生图（二）

图 3-56 实景

　　景观中离不开各种各样的亭子，光是亭子的立柱花样就繁多，我们要养成随看到随记录的习惯，以下几种也是常见的。以亭子作为主体，稍配点景就是一幅完整的景观图。

　　原景的亭子背景是一大群公寓楼，相当繁杂，且靠得太近，我在动笔构图时，就考虑去繁就简，在中线靠左的位置画出亭子，然后取两边的树木，一多一少，一实一虚。棕榈及散尾葵用美工笔宽笔表现，用笔实而洒脱，紧依亭子，然后往下画景石、水系，而右边的植物则用反笔勾勒出树干、树枝的轮廓即可，增加透视感，棕榈的实与树干的虚，形成前后关系。但不要忘了，为了画面调子的统一，在右侧树干的下面，画上一些厚重的灌木，右下角有意虚化，再用马克笔上几种简单的颜色，画面一定要透明、干净（图 3-56 ~ 图 3-58）。

图 3-57　写生图（一）

SKETCH & DESIGN
OF LANDSCAPE

图 3-58　写生图（二）

图 3-59　写生图（一）

水面的蓝色尽量要画得比天空重（图 3-59、图 3-60）。

这幅瀑布上的亭子作为辅景，瀑布、石头、水景作为主景。画这类型的图，一定要画好流动的水面，跌级流水均采用石头画重来衬托流水的白，学会对比，就能控制好画面。水的波纹要画流畅，平时要多练些 Z 形和 S 形线，切忌犹豫，波纹要遵循自然，水流冲击区域的波纹要大而急，往两边渐渐舒缓开来。画石头应考虑大、小、前、后关系，突出几个面整体来画，不要太注意细节。水中的倒影要依水面的物体影像来画，上实下虚，水的透明、清澈的感觉就出来了。当我们以石头作为一个重色调画时，左上的植物，就要画得明亮些，勾点叶形轮廓就到位了，水则留白。色彩部分，依然按前暖后冷来画。这里要强调的是，

图 3-60　写生图（二）

两个亭子之间一座桥，很有趣，就选择这个角度来画。这是个平行透视，视平线很低，所有斜线都消失于一点，透视感极强。亭子也有特点，右侧只画了个亭檐，左侧完整且小，与远处的桥和树几乎在同一高度，为了打破这一均等的高度，我画了两根桅杆，拉两条斜线效果就出来了。远处的植物色调要画重，水中倒影依水面物体或重或轻地处理，越接近水面的影像，线条越密、粗，反之越来越细，线条也渐稀疏。画面远处的地平线，要画实画重。桥上的阶梯要有虚实变化，切不可每一级都画，刻板就没画味了（图 3-61、图 3-62）。

图 3-61　实景

图 3-62　写生图

图 3-63　实景

这是一幅公园的小景观。从竹林中，看到逆光的景石，我被石头的光影吸引。画这类石头时，大家一定不要太注重石头的纹理细节，应从整体大块、几大面来处理，石头与石头之间，找对比关系，前后的石头要画出前明后暗、前暖后冷的感觉，只有观察仔细，理性处理画面，才能画好石头。石头的纹理，也是在统一的调子中，稍微画些为主的勾槽纹理，从大效果中把握一些微妙关系。有时也要学会对物象虚化观察，常常眯眼看大效果，忽略细小的部分。利用美工笔的蹭擦画出石头的肌理效果。最后，在调整画面时，增添一两只小鸟，增加画面的趣味性，生动感（图3-63 ～图 3-66 ）。

图 3-64　写生图（一）

SKETCH & DESIGN
OF LANDSCAPE

图 3-65　写生图（二）

图 3-66　写生图（三）

这类场景是在我们写生练习中最为常见的，主要是让大家学会最基本的构图。从照片可以看到，亭子是主体，前面是水景，后面是一些树林。从构图来看，亭子不能过于居中，应偏左或是偏右，如果太居中，画面就显得呆板（图3-67）。

在画亭子时，主要注重对整体特征的把握，尽可能避免琐碎、繁杂的建筑装饰，但也得隐约体现一些结构关系，尽可能地在暗部当中有若隐若现的结构，也就是说要学会用整体的色调加以概括，对于一些凸显的建筑构件尽量简化，学会用屋檐下的投影将其隐藏起来，只作象征性的表现即可。而亭子后面的树林的色调画重，凸显亭子的立柱，靠近天空就画些树形轮廓，给上色彩留有余地。水面上增画一些涉水汀步，再画些水面倒影。最后，略画点色彩，让画面阳光起来（图3-68、图3-69）。

图 3-67 实景

图 3-68 写生图（一）

SKETCH & DESIGN
OF LANDSCAPE

图 3-69　写生图（二）

图 3-70　实景

我钟情于民居建筑。民居的造型自然而多样，无论是组合群，还是独立民居，都很好入画，都引起我无尽的写生欲望。

从照片中可以看到，实景是在一个阴天散射光下的分布，色块之间缺乏有机的关联，因而在绘画中，必须理性处理画面。从画中可以看出，画面的线条表现、阴影、笔触及肌理质感，都做了秩序化的处理。这幅作品的视平线较高，略带点俯视。从构图的取舍上，我几乎与实景无二，尽量忠实于实景，只是在处理建筑的每个面时，均从光影关系上进行了科学的线条轻重组合（图3-70、图 3-71）。

（a）

（b）

图 3-71　写生图

这幅作品是在一茶楼前喝茶随手画就的，并没什么特别之处，只是觉得这建筑上有个圆形的顶，与该建筑的方，有了些对比，就画下了。

我在画这幅画前，就仔细观察了从构图到体量的大小，做到心中有数。首先，我要让圆形顶部扩大点，成为以门厅为视觉中心的组合体，而后面的树林舍之不用，因为这建筑外形的起伏变化已较丰富。中心主体部分要刻画到位，需分析光影的变化，在暗部中找出隐约的结构关系，同时也要注意到主次关系的表现。写生中，要求特别有意识地去把握正形与负形的关系，培养自己写生布局的能力，不可见景而不假思索地照实描绘（图3-72、图3-73）。

图 3-72　实景

图 3-73　写生图

第四章　建　筑

SKETCH & DESIGN
OF LANDSCAPE

　　建筑分为新式建筑和老式建筑。在运用中，灵活多变，新式建筑的表现手法以工艺线条为主；老式建筑采用"纯艺"线条，以正笔为主来表达。

图 4-1 实景

这个会议厅建筑是弧形的。我们常常要进行弧形线一笔准的练习，在画前，心里要有准备，画什么？怎么画？当确定好位置，确立视平线后，第一笔就画弧形线，位置、高度、透视要定准了，然后门窗、前景。我稍做了改动，前广场设置一个喷水池，左边植物靠后，右边只画植物的大体轮廓，远处建筑舍弃，圆顶后面的建筑有意识拉高，后面建筑与弧形建筑顶部间，渐渐虚化，以凸显弧形建筑。上色过程，先是用马克笔的冷灰色系列由浅入深画暗部关系，再上植物和建筑的固有色，当完成各部分色彩关系后，最后用水溶性彩铅画天空，由左下往右上快速完成，稍补点层次关系（图4-1～图4-3）。

图 4-2 写生图（一）

SKETCH & DESIGN
OF LANDSCAPE

图 4-3　写生图（二）

前一幅是近景，退后一点为中景。确定这个景时，在构图处理上，尽量让中心观景楼靠左，不要画在中央线上，植物与建筑要拉开，理性画出植物的受光面，建筑与植物间画重，舍去部分长廊的植物，凸显后面弧形建筑与长廊。地砖的透视要画准确，增画一两辆小车，与建筑对比体量关系（图 4-4、图 4-5）。

图 4-4　实景

图 4-5　写生图

这也是个弧形建筑，外墙是锥形。在画这一类建筑时要看准，落笔要肯定，先从外墙的顶部弧形开始入手，仔细刻画门厅。左右两边的树要有变化，左边阳画（留白），右边阴画（画重）。外墙下部分画重，与车辆形成对比。后面的建筑由实到虚地处理，靠近建筑的地砖稍微画一些即可。切记不要画前面横道线，否则容易造成画面不集中，看上去很花的感觉。大家在进行写生练习时，宁可少画，不可多添（图4-6、图4-7）。

图 4-6　实景

图 4-7　写生图

图4-8　实景

　　长沙铜官窑研究所的建筑群很有特色，我特意站在山上的塔顶，选择这样的俯视角度，这也是我们经常要练习的。为了凸显主体建筑群，树林只是画了大体的轮廓，而右上角的"谭家坡遗迹馆"其实在画面很远的地方，我移取进来，尽量反映其全部。在上色处理上，尽量忠实于原建筑色调，只是加强了古烧窑的烟囱的暖色调，增强画面的色彩感（图4-8～图4-10）。

图4-9　写生图（一）

SKETCH & DESIGN
OF LANDSCAPE

图4-10　写生图（二）

图 4-11 实景

长沙"水云间"会所。这是我们写生的高级阶段，进行大胆设想，在繁茂的植物遮蔽下，透过现象画本质，充分发挥主观能动性，完成被遮掩部分的结构的猜想。写生分三个阶段：一是初级写实阶段；二是写意中级阶段；三是再创作阶段。而这一幅就是再创作阶段，当植物遮挡了大部分关键建筑时，凭想象再创作，设计一个空间，大胆取舍。从照片与写生就能看出，前庭是在设想中画出来的，远处的建筑舍去，只画几棵棕榈树，而植物也只画了一部分，这样处理画面看起来更加完整（图 4-11、图 4-12）。

图 4-12 写生图

这是建于 20 世纪 50 年代的苏式教学楼，门楼、窗及砖墙壁很有代表性。在表现这幅画时，基本照实写生，关键是要处理好左右两边的树，我做了大调整，左边的树原本是往左弯曲，右边是横枝斜挂，均不利画面的整体效果，当把树干、树枝都向内倾斜，左侧横伸干枝与右侧纵延干枝遥相呼应，画面就紧凑多了，效果也就好多了，仿佛有种透过树林观景的意境（图 4-13、图 4-14）。

图 4-13　实景

图 4-14　写生图

图 4-15 实景

这是座古老的宅院，其院门建筑造型风格独特，从这个整体的成角透视中，门顶的马头墙方向各异，形成多点透视，稍不注意就会画错。我从顶部开始，用写实的手法细致刻画，每个顶的朝向、透视都画准确，然后往下画门厅，再依次向四周展开。画石阶时，为强调石阶，我在阶梯两边画了点植物，左、右下角渐虚。为了体现这院门的高大与恢宏，全部舍去后面的树木，右侧墙面我开了个窗口，透过那扇窗，依稀可见院落内场景。阴影的部分，我采用滞涩的笔触来表现，始终让画面统一而又和谐在黑、白、灰的调子中（图 4-15 ～图 4-17）。

图 4-16 写生图（一）

SKETCH & DESIGN
OF LANDSCAPE

图 4-17　写生图（二）

图 4-18 实景

这是个房产售楼部，全玻璃材质的几何造型，很吸引眼球。为了让学员们更了解建筑结构，从里到外都仔细观察了，而且还画了平面图。全面认知后，再从一点透视画该建筑，心里就有数了。画时，不但要注意到高、宽的比例关系，还要画出其斜度以及各体块的凹与凸，水中倒影也要理性地画出高光带，增加水的透明度。在光秃秃的水池边，增添些许花境，房顶正好有几个清洁工在清扫玻璃，人物的大小比例关系可与建筑形成一个强烈对比。用马克笔182、185画蓝天、白云。当建筑左高右低时，蓝天白云的笔触走势即右高左低。水面则用185、67、66号色来画，用两头轻中间重的运笔方法，平缓上水面色（图4-18 ～图4-20）。

图 4-19　写生图（一）

SKETCH & DESIGN
OF LANDSCAPE

图 4-20 写生图（二）

图 4-21　实景

当我画老宅、村寨时，常利用美工笔的转折变化，或顿或挫的运笔，力求在变化中追求纯艺的自然感受。而在表现现代建筑时，纯艺的运笔方式显然不太适合，要用工艺线条来表达那种超凡脱俗的简洁、冷峻的现代感，既要有表现语言的绘画性，又要在线条的效果上追求"率直"而不强求"笔直"，从而达到现代建筑的几何体的纯味。运用线条上，可适当用些抖线，而不失速度感。长线可抖，短线不要抖，切不可僵化和死板。在角度选择上，也尽量多地画些成角透视，这样，画面也就多点活力和朝气的感觉（图4-21、图4-22）。

图 4-22　写生图

在写生的选题上，道路、立交桥，也是我们练习的主题之一。立交桥的纵横交错，桥旁的建筑群，自然形成一种韵律和节奏感。这幅画面，左侧的高楼及右下的匝道，形成一个暗部关系，中间是留白远伸的道路，路面纵深处，理性处理些近疏远密的过渡线，加强深度感。左、右植物遥相呼应，打破过多的垂直线。广场耸立的灯柱及天空中的云雾轮廓，均是为整幅画面平衡而刻意为之（图4-23、图4-24）。

图4-23　实景

图4-24　写生图

图 4-25 实景

这是一个大学图书馆，门厅及另一个面的墙体均被树木遮挡，这就要求我们围着建筑外形观察、了解它的基本结构关系。我在画该建筑时，有意舍去前坪的几棵树，让主体建筑通透、醒目一些。左侧的树，不画那么高，露出建筑的另一面，这样建筑显得更明了、壮观，透视更分明。云彩以建筑斜度相反走势来画。左、右两边的树，要有变化，左侧画出明暗关系，右侧只留有剪影即可。上色时，用 CG、BG 系列，由浅到深地画，固有色也要遵循这一规律，先暖后冷，先明后暗（图 4-25 ~ 图 4-27）。

图 4-26 写生图（一）

SKETCH & DESIGN
OF LANDSCAPE

图 4-27 写生图（二）

图 4-28　实景

这一组建筑群，建立在湘江沙洲之上，虽正在建设与装修之中，但可以通过取舍，去繁就简画出其神韵。夕阳照在建筑群上，不论是它的组合构件，还是光影关系，都具备了不失为一幅很好的作品的条件。添画丘上的凹陷的鞋脚印痕，更增添了画面的趣味性（图4-28）。

我在画这幅画时，舍掉临时工棚和脚手架，照实画出主体建筑群。写生是一种处理黑、白、灰关系的艺术，在对比中找关系，在关系中找细节。当轮廓画出后，就要注意到左侧来的光源，建筑的左面墙先留出受光面，然后把建筑的侧面画上灰色调。画灰色调时，就要注意建筑的前后由明到暗的主观处理，不可一成不变地一个灰调。做这样的黑白转换是一种有创造性的思维方式，培养并提高我们的概括力及绘画的综合能力。最后，整理画面时，发现左面的树梢和右边的建筑太平行了，增画了两把遮阳伞，画面就焕发出一种活力了（图4-29、图4-30）。

图 4-29　写生图（一）

SKETCH & DESIGN
OF LANDSCAPE

图 4-30　写生图（二）

图 4-31　实景

还是这个景，从另一角度来表现，处理手法还是一样的，从整体入手。构图中略有些变化，把近处本应很实的立柱、树叶，采用虚化、留白的手法，仅只是轮廓。透过立柱，能看到长廊，还画了几级阶梯，这一幅的趣味性增强了。所以说，我们要在场景中不断磨炼我们的写生技能和取舍能力，才能达到高效、高能的组织能力。最后用马克笔稍微上点色，特别要注意的是云彩的走向，当屋顶向左下倾斜时，蓝天白云就向右下倾斜，当然还得看天空留白的情况，一般是补画天空大部分留白处（图 4-31～图 4-33）。

图 4-32　写生图（一）

SKETCH & DESIGN
OF LANDSCAPE

图 4-33 写生图（二）

图 4-34　实景

画古建古亭，除以上要注意的方方面面，还得注意亭子的特点及周围植物的配景。一个是圆形亭，一个是六角亭，不论有多少个斗拱，一定要注意透视关系和大、小、高、矮的比例关系，找准视平线。画亭子时，亭顶都在视平线以上（除俯视），斗拱上扬的点与其他斗拱的点，在一个弧形线上。这就是"找点法"，所以找好斗拱的几个点很重要，找对了几个斗拱就好画了。这个亭子我画了几个级台铺路，亭后的房子舍去了（图 4-34 ~ 图 4-36）。

图 4-35　写生图（一）

（a）

（b）

图 4-36　写生图（二）

图4-37　实景

　　而这一个亭子，正好有只孔雀造型在亭顶，我从亭顶入手，依次往下画，采用的就是"找点法"画的斗拱，然后两边的长廊、屋顶，前后的黑松、罗汉松，找准两三个植物搭配就行了就成。要考虑些空间，要透气，几根立柱的位置要留出来，隐约能见亭后的植物剪影，再往下的岸石，水中钟乳石的处理要慎重。从画中可以看出，左下角的钟乳石，我采用留白处理，简单画了点石质纹理，主要是为一种由实到虚、由暗到明的过渡。水面上再一两只水鸭，增加些水面动感，增强了画面的趣味性，稍上点色就成了。另一幅，也是在同一位置所画，稍有点变化（图4-37～图4-40）。

图4-38　写生图（一）

图 4-39 写生图（二）

图 4-40 写生图（三）

图 4-41　实景

　　某建筑小区主入口，欧式结构、细部都有些复杂，能提高画建筑造型的能力。一般在画此类建筑时，动笔之前，必须仔细观察结构及相关关系。当我从这个角度写生时，就能从容取舍，大门前的植物和栏杆均不在画中出现，凸显大门出入口的宽敞。除要忠实于原景外，还得理性主观地考虑光源关系，适当画点调子，增强建筑物的体积感。地面上，稍微画些倒影，增加地面的光洁度，植物要画得整体且留白。建筑下部分画得较重，植物就留白，只画轮廓即可，若建筑物上部分实，下部分为虚时，植物就要画得实。后面的建筑不画，这样更完整而不显繁杂（图4-41、图 4-42）。

图 4-42　写生图

　　来到一公园的管理处，被眼前墙上的藤蔓吸引，遮挡得恰到好处，建筑的外形走廊依稀可见，似遮非挡的韵味，驱使我驻足流年，照实写生。我几乎没任何取舍，真实地再现这一场景。这幅写生，关键点就是大、小、高、低的比例关系。我采用找点的方法来确定物体与物体间的距离及相关关系，比如前面建筑的檐口与后一个建筑的屋檐间的距离，后一建筑的檐口穿插在前一建筑走廊栏杆扶手的位置，这样就能有效控制物象大小及准确性，所以我们在落笔前一定要注意观察（图4-43、图4-44）。

图4-43　实景

图4-44　写生图

图 4-45 实景

些飞翔的小鸟，增加些趣味性（图 4-45 ～图 4-47）。

这是长沙的华雅大酒店。我们来到对面山顶，从略为俯视的角度来观察，记录"华雅园"这一生态环境。植物的树冠，形成一片绿色海洋，隐约能见到"华雅园"中的廊架亭阁。在写生时，我强调和显露这一长廊，周围的植物为硬质景观服务。分析出树冠、各层次关系，在处理的手法上，近处的树形只画些轮廓线，少画色，植物的中间段色彩要饱满，远处要偏冷，依次为近亮、中暖、远冷的色彩过渡。这样表现，就能拉开层次，而建筑主体，采用上实下虚的手法。由于建筑太过平稳，在画云彩时，是斜形蓝天白云，就打破了呆板，整个画面就生动起来。补画

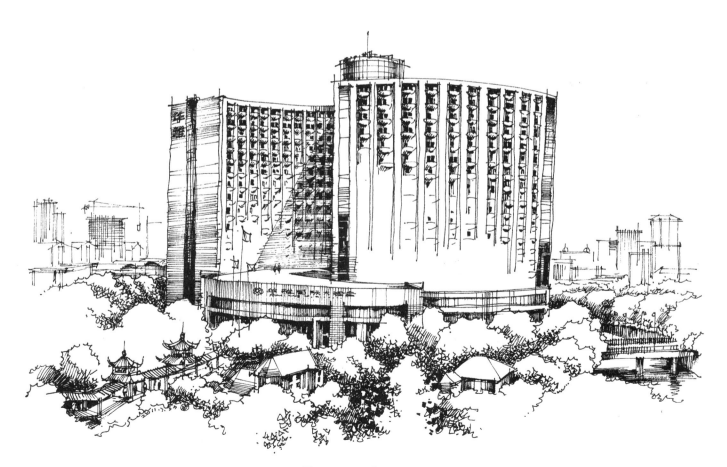

图 4-46 写生图（一）

SKETCH & DESIGN
OF LANDSCAPE

图 4-47　写生图（二）

图4-48　实景

画建筑时，最主要的就是透视要准、要肯定。当选择这个成角透视的水上建筑时，首先考虑的就是构图取景。在画纸上，首先要确定画哪个部分，然后确立物象的高、低点，控制画面大小，找准视平线。先画朝左的物体斜线，同时把屋檐下的左斜线消失于视平线上左边灭点（VP_1）。确定纵向墙线，再画右斜线，消失于视平线上右边灭点（VP_2）。画水面时，平着画。要画物体的倒影，注意水面留白。上色时，先从冷灰、暖灰暗部开始画，再画固有色，把握好向背关系，即使是阴天，也要设置一个受光面和背光面，找好对比关系，色彩不能过艳过浓（图4-48～图4-51）。

图4-49　写生图（一）

图 4-50　写生图（二）

图 4-51　写生图（三）

图 4-52 实景

这是长沙贺龙体育馆，我曾在这个角度的反方向画过一幅，当我转回头看这一景时，就被吸引住了。高低错落很恰当，路灯的透视效果极强，几乎不用取舍，照实写生就是。仍以宏大的体育馆的腹壁作为此画的近景，横向的泳馆及纵向的酒店作为中、远景。根据平台的透视弧形度，画出路灯，地面画些倒影，增强光洁度。然后，补充一些飞鸟，增强画面的趣味性和生动感。用马克笔画些冷灰色调的暗部调，再上些固有色、注意受光面和背光面的冷暖关系。云彩呈斗状来表现，左上右下的趋势，留出白云。点缀人物，整幅画作完成（图 4-52 ～图 4-54）。

图 4-53 写生图（一）

SKETCH & DESIGN
OF LANDSCAPE

图 4-54　写生图（二）

图 4-55 实景

建筑景观写生，我们以建筑作为主体来画时，往往从构图上，就要确立建筑主体位置。从下面几幅作品来看，它们有一个共性，均采用近中景来描绘，特别注意对建筑物的表现和严谨的构图。

图中左边植物与右边古希腊雕像，形成一个门的效果，自然引入画面，视线停留在画面中心。在处理画面时，建筑上实则下虚，特别是地面有硬质景观，如喷泉、建筑的前坪部分，也是要表达的内容。雕塑则用植物的重色来衬托（图 4-55 ~ 图 4-57）。

图 4-56　写生图（一）

SKETCH & DESIGN
OF LANDSCAPE

图 4-57 写生图（二）

图 4-58 构图如同图 4-56，都是用两边的植物来凸显建筑主体，只不过变了个横式构图而已。在构图中一定要根据建筑的主体形态，来决定横、纵向构图。此画前面的垂柳和石草驳岸尽量留白，把背景画重（图 4-58 ~ 图 4-60）。

图 4-58　写生图（一）

图 4-59　写生图（二）

SKETCH & DESIGN
OF LANDSCAPE

图 4-60　写生图（三）

图 4-61 实景

这是长沙橘子洲头景区保留的老式洋行建筑，有近百年的历史，刚刚整修完，我们来到此地。在画这个题材前，我反复选取角度，不同的角度有不一样的感受，但最终选定这个角度。从照片中可以看出，几乎不用做任何调整，就能充分表达昔日洋行的建筑，包括周围的景致，也是还原于过去的配景。我的写生就是在取舍中忠实于实景，除了前面的路径和远处的建筑是新增的以外，都保留在画中。从用笔上，除准确把握透视外，讲究的是手绘工造线条，落笔肯定，潇洒自如，简洁明快。当时是阴天，散光，但我设置了光影关系，在用马克笔时，

我仅用了点冷灰和暖灰色调。画有坡度的草地时，要跟着坡度走线用笔。远处的建筑，可直接用马克笔画，无需用钢笔勾轮廓线（图 4-61 ~ 图 4-63）。

图 4-62 写生图（一）

SKETCH & DESIGN
OF LANDSCAPE

图 4-63　写生图（二）

这几幅作品，从近、中、远来描绘对象，一定要把握好透视关系、光影关系，近景的表现，还可用素描的方式来处理画面，但不论怎样的手法表达，掌控好对比关系，遇黑则白，遇白则黑。另外，建筑前的景也要搭配得好，取舍得妙，刻画得仔细。一幅好的作品，是作者的苦心经营。主体景观是重点，其他为辅，不可面面俱到，要做到下笔都要思考，线条宁少勿多，下笔做到心中有数。在审视、整理画面时，更要慎之又慎，不可随意添笔（图4-64 ~图4-67）。

图 4-64　写生图（一）

图 4-65　写生图（二）

图 4-66 写生图（三）

图 4-67 写生图（四）

　　这两幅写生是在不同的地点，用同样的透视角度来表现，一幅是一所民居，门前有一座吊桥，吊桥就要作为重点来刻画；另一幅是待拆的住宅，立在一片废墟上，下部的砖瓦就虚掉了。同样的角度，同样的构图，所表现的对象不同，侧重点就不一样。当我们观察仔细了，分清主次后，就不难描绘对象。而我们运笔用线时，也必须考虑到建筑的新旧，如果是新建的建筑，用线要刚劲有力，不拖泥带水，常用结构线的两头重、中间轻来表现；而老式建筑，在运笔用线时，就要结合纯艺线条来表现，用宽锋变化线，运笔时慢时快，力度线和柔软线并用，小弯求大直，倾而不倒。这两幅建筑的表现，就是此类用笔（图4-68、图4-69）。

图 4-68　写生图（一）

SKETCH & DESIGN
OF LANDSCAPE

图 4-69　写生图（二）

第五章 植 物

SKETCH & DESIGN
OF LANDSCAPE

树木与植物的表现，综合运用"纯艺"和"工艺"线条，树冠用反笔，柔软而又整体；树干用正笔，要有力度；树干形状与分枝要有变化。

植物的表现，要根据植物的形态特征、长势、疏密度、前后关系，以及表现手法，综合运用美工笔的变化技巧，灵活地处理画面的构图、虚实关系、层次变化。当钢笔墨稿勾勒完后，适当地用点深浅不一的冷灰色调子，由浅入深地表现。暗部的表现，不可画重、画死，要有通透（透明）感。上灰色调，不可乱上色，要理清每棵树的前后关系，掌握好轻重关系（图5-1 ~图5-3）。

图5-1 写生图（一）

图5-2 写生图（二）

SKETCH & DESIGN
OF LANDSCAPE

图 5-3　写生图（三）

图5-4 实景

这一组古树，造型独特，疏密有致，前后层次分明。我舍树后建筑，充分突出主体，在美工笔的表现上，采用多变手法，真实地再现树的结构与质感。枝条要仔细刻画，繁而不杂，只要观察细心，先树干，后树枝，再表现远处向上生长的树枝，就不会出现乱、杂、花的效果。画树枝最关键是前面几个枝条的来龙去脉要交代清楚。地面的植被前实后虚，自然过渡。地面路径，稍画几块青石板。最后调整时，用马克笔冷灰色画出明暗关系，增强体积感和光影关系（图5-4～图5-6）。

图5-5 写生图（一）

SKETCH & DESIGN
OF LANDSCAPE

图 5-6　写生图（二）

图 5-7 实景

树木在建筑和景观中，常常作为一个配景出现在画面中。但树木是自然界中必不可少的部分，我们常以树木作为主体来表现，主要目的就是了解树木的形态、走势。所以要仔细观察和描绘，有意识地进行近、中、远的练习。当近景树木的结构和形态把握得充分，那么中景、远景的树木，也就能简练、概括、随意地描绘了。

这是一组造型各异的近景树木写生。主要描绘树干，右侧的光源影响树木左侧暗部关系的微妙变化。前两棵树，画出素描关系，后两棵在暗部关系中，简单带过，而树叶只是留出树叶形状的轮廓线。在画树时，一定要理清簇感，透过一簇簇、一层层来完善树干和叶形，稍微画些马克笔灰色调就可以了（图 5-7 ~ 图 5-9）。

图 5-8 写生图（一）

SKETCH & DESIGN
OF LANDSCAPE

图 5-9 写生图（二）

另外这几幅，有近处画的，要注意透视关系，树梢消失于天点；有中景、远景画的，当画干枯类树形时，不能乱，要理清每棵、排、簇。总之，抓外形，找基调，强调特征，这些树木的表现手法，既用了纯艺线条，也综合了工艺线条，两者有机结合并用，表达就更准确。上色时，先暖色调，再画冷色调；黄绿在前，蓝绿在树冠下面及树林之后。马克笔上色，力求色与色之间，渐变地融入（图5-10 ~ 图5-15）。

图 5-10 写生图（一）

图 5-11 写生图（二）

图 5-12 写生图（三）

图 5-13　写生图（四）

图 5-14　写生图（五）

图 5-15　写生图（六）

177

来到一片沼泽地，被水草吸引住了。最不起眼的杂草，常常构成一幅幅有趣的画面。我常在画景物中，以草为辅配合着画面所需。这幅就是以树木、路径为主，水草为辅，构成一幅相对完整的画面。画树木要一团团、一组组地画；画草不能一根根地画，也要一丛丛、一簇簇地画。前组草丛明，后一组或一整片，要画暗。这幅作品中的笔调，我尽量用宽锋表现，如同逆光之景，厚重中，带有一种萧瑟野蛮

图 5-16　实景

之感，由暗部烘托出草丛。左边的干枯枝树，画得要有动感，要有活力，给略显沉闷的画面，带来些许灵动的感觉。如果这幅的整个调子，如同一位伟岸的男子，那旁的干枝就是一位婀娜多姿的女子。画面中，就会产生一种奇妙的趣味性，生动而有活力（图 5-16 ~ 图 5-18）。

图 5-17　写生图（一）

SKETCH & DESIGN
OF LANDSCAPE

图 5-18　写生图（二）

这是练习植物及配景协调的画法。从照片中，可以看出，樟树很大，后面有一幢教学楼，当我在处理这幅画时，画出树形结构及素描关系，去掉后面的楼，有意识拔高左下的乔木，画一两个老屋，达到画面平衡感。水面画些波动线，让画面生动起来。最后点缀几个人物，效果就优于实景照片。这也是我们常常练习取舍，提高画面整体感的方法。通过不断写生，来达到得心就手，尽善尽美的目的（图5-19、图5-20）。

图 5-19　实景

图 5-20　写生图

　　这是一组植物与石景的组合景观。植物要依据树形的形态来描绘对象，柳、杉、松、竹、灌木、干枝等树木特征，都要表达清楚，要把各种树的精、气、神充分展现出来，不能含糊。而石头要画出力度感，还得清晰地画出几个面，用美工笔的宽锋，运用蹭、擦、磨的技巧，表现石材的肌理和质感，笔的轻重运笔，来表现景物的前后层次关系。水面适当用些波纹线即可，总之，植物与石材的表现，就是要运用好"刚"与"柔"的线条(图 5-21 ~图 5-27)。

图 5-21　写生图（一）

图 5-22　写生图（二）

图 5-23　写生图（三）

图 5-24　写生图（四）

图 5-25　写生图（五）

图 5-26　写生图（六）

图 5-27　写生图（七）

图 5-28　写生图（一）

这两幅图也很有代表性，一幅画的是农村景色，用纯钢笔线条来表达；一幅是城区巷中的老式门庭，稍用了些线条，其他均用色彩表现。

第一幅纯钢笔写生，老屋的右边是一棵歪斜的硕大樟树，我用了些乱线和细小的弧形线画暗部关系，一定要根据树形和光影关系来画暗部，并且，会有明中有暗，暗中有明的细微变化关系，树干留白。左边杉树和矮灌木也要注意到形，两种不同的树种，用笔用线都会不一样，树的轮廓边沿线与房顶相接处，找好对比关系、黑与白的对比。前面的农田，相对来说要画得轻松、随意，因为中景的农舍与周围的树都画得细，只要画出几块田地的形状，点缀几个人物，稍画些远山的轮廓就行了（图 5-28、图 5-29）。

图 5-29　写生图（二）

第二幅作品，我偶到长沙的同仁里小巷，被眼前此景震撼，在老旧斑驳的墙上，长出如此茂盛的植物，生命力如此顽强，我很快勾了轮廓，用马克笔尽情表达这春意盎然的景色。我用马克笔 my color 2 150、154、155、42、54、82、84、BC-4、BC-6、103、100、97、98 等型号，分别画出植物的受光面与暗部关系，画出体积与厚度感来，棕色的门与砖墙，最后，在植物的暗部处，用白色线笔，画些 垂枝藤蔓即可（图 5-30）。

通过这两幅画，可以认识到，只要我们灵活掌握了写生技巧，注意透视关系，了解了结构及光影关系，学会取舍，就能驾驭好所要描绘的对象。

图 5-30　写生图（三）

第六章 配 景

SKETCH & DESIGN
OF LANDSCAPE

不论是写生还是在手绘效果图的表现中，离不开人物、汽车等配景的点缀。要掌握好比例、透视、大小等关系。运笔更要简洁、老练，轻松中不失严谨。

配景、人物与车辆

景观中，人物与车辆的配景是很重要的，它们起到丰富画面的作用。根据画面的大小体量来点缀人物和车辆，通过画面所需，来合理安排近、中、远的景。因为，人物和车辆的结构相对复杂，要了解解剖及构造和比例关系以及人物的站立高度、坐与蹲的高度（配景、人物、车辆），多画速写。我常常在同学们投入的写生当中，就画人物速写，对人物结构、线条组织及形态把握都有好处，因为你所描绘的对象，相对来说能保持很长的静态，由此或慢或快地操练，单个、群体都可以。充分利用美工笔宽窄笔锋的优势，不断变化，运用顿、挫、蹭、擦的效果来表现其结构、转折、质感、形态、对比、明暗等关系。这些只是我的众多人物速写中很少的一部分，画多了就会对人物结构、动态有体会，线条也就会轻松娴熟。

车辆必须了解其长、高、宽的基本尺寸关系。如小轿车从平面上看是前宽后窄，侧立面是前低后高；车轮圆的最高或最低点，在一个垂线上。通过多观察、练习，就能灵活掌握车辆的大小比例关系、透视关系、结构关系。运用得好，就能起到添彩、点睛的作用。如图6-1 ~ 图6-8所示，为人物、车辆的速写。

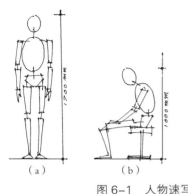
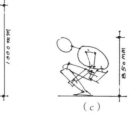

图 6-1 人物速写

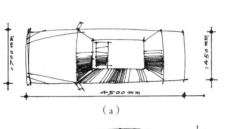
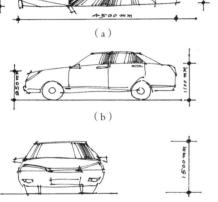

图 6-2 车辆速写

图 6-3 人物写生

图 6-4　各种人物速写（一）

图 6-5　各种人物速写（二）

图6-6　各种人物速写（三）

图 6-7　各种人物速写（四）

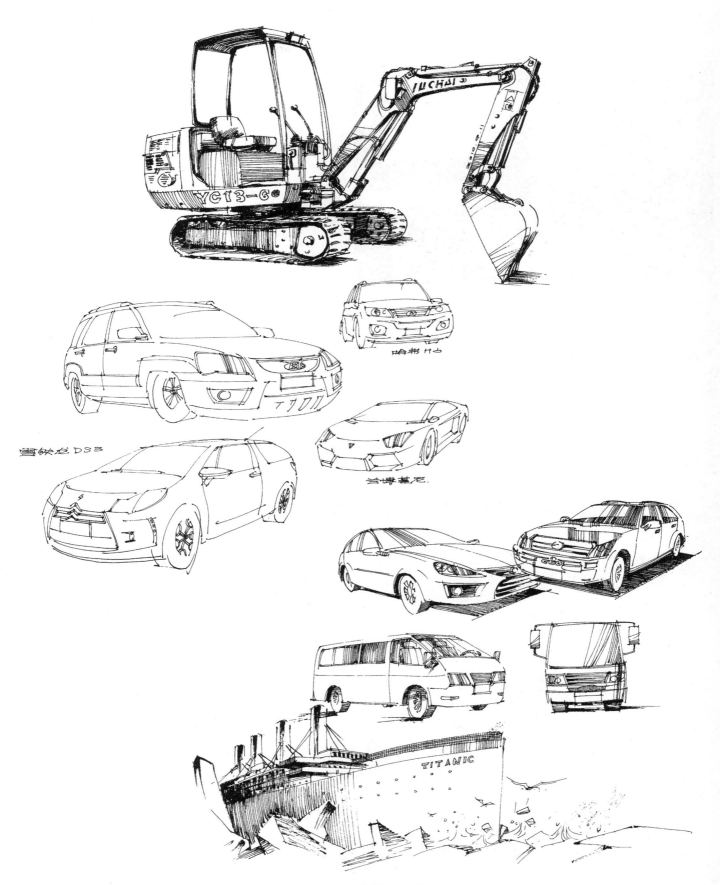

图 6-8　各种交通工具

第七章 设 计

SKETCH & DESIGN
OF LANDSCAPE

　　实战中的设计，是对综合技能的考察，设计能力、空间布局、表现手法、色彩运用等多方面的积累，才能挖掘最大的潜能。设计不是如何改变自然，而是如何融入自然。

（a）

这是一旧房改建项目。当时，实景就是一个很普通的两层办公楼，后面有个一层的小厂房。现要改造成一个售楼部，在保持原基础结构不变的前提下，我做了两个方案：一是这个砖墙和玻璃结合的造型；二是拆掉部分二楼及屋顶的组合造型方案。前者独立性强，吸引眼球，远远就能看到这金字塔般的建筑，当植物配置到位后，更显得其大气而又现代（图 7-1）。

（b）

图 7-1　方案一

第二个方案，看似被拆掉二楼的部分空间，面积缩小了，但从外观上看，反而空间增大，更贴近商品房住户的楼房，很有亲和力，特别是从大门进入时，共享空间有扩展感，顶部是钢架式、钢化玻璃，一直能看到天空，几乎没吊顶，既自然又不失现代气息。当时，与客户交流时，为快捷且直观性强，边说明设计意图边画稿，就选择这个略带点俯视的角度来表现，并用几支马克笔，稍上了点色。当然，有一点很重要，看现场与客户交流，综合客观条件，充分发挥主观能动性，做到心里有底，有的放矢，才能更贴近设计思想，从而做到手、脑、心、画的高度一致和统一（图7-2）。

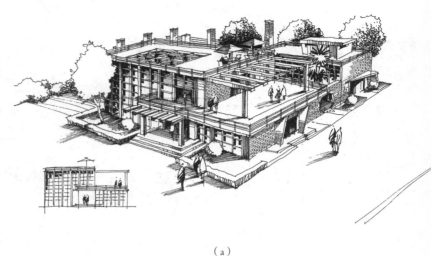

（a）

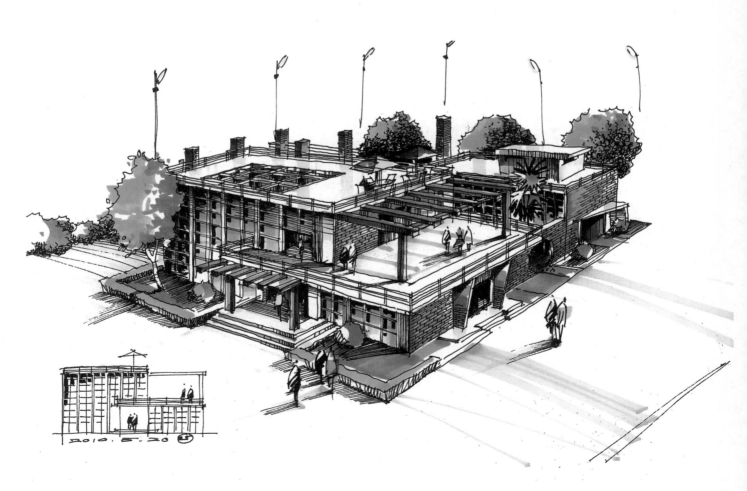

（b）

图7-2　方案二

图 7-3 园林景观项目

这是一个园林景观项目，当平面设计完成后，依据地形地貌及植物配置上色，从地势的高低而论，地势低的颜色偏冷，地势高的偏暖。而树木的上色，整体要暖于植被，从平面上就要能看出地势的高低变化（图 7-3）。

当画效果图时，就要突出重点了。从这个桥开始，略俯视来描绘，可看到桥下的水流、自然植被的缓坡、水杉、桂花树、景墙，还有往纵深发展的桃花树，用马克笔上点色，由平面变透视的图就完成了。景观中人物、汽车的添画，也很重要，不可在你的效果图中，空无一物，单调而不生动。通过人物及车辆的点缀，起到对比空间大小、活跃画面的作用（图 7-4、图 7-5）。

图 7-4 效果图（一）

SKETCH & DESIGN
OF LANDSCAPE

图 7-5 效果图（二）

这两张画，是依据上一个项目而画的街边景及水溪边居民屋。街景的树木尽量放松，着重画建筑及建筑前的植被（图7-6）。

而溪水边的水系，水草要刻画到位，石草的表现要近实远虚，近大远小的描绘，让人直观感觉，民居建筑与溪水的亲和力，而右边的竹林，只画些竹叶的轮廓即可，芦苇的方向性也有讲究，两边的芦苇向画中方向摇曳（图7-7）。

图7-6　街边景

图7-7　水溪边居民屋

这是一个小区主体景观的设计，中轴线上的凉亭，采用流瀑的形式，与中心圆的喷泉呼应，动感十足。主要表现水，所以用冷色来衬托喷泉及流水的白色，而道路和植物画得很放松，甚至前面的植物少上色或是不上色，只是远处偏冷的植物略表现一点。地下车库的入口，也在这里表现出来，用色宁可简单，不可繁杂而花哨。建筑间的云彩是必不可少的（图7-8、图7-9）。

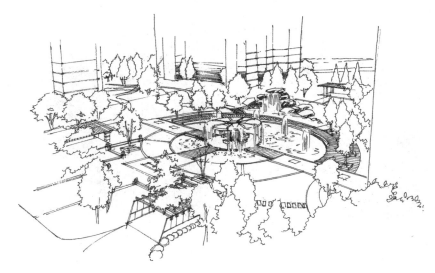

图7-8　小区主体景观设计（一）

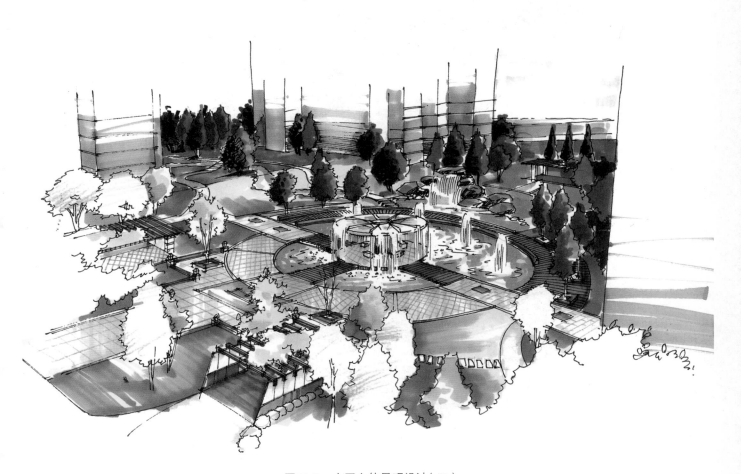

图7-9　小区主体景观设计（二）

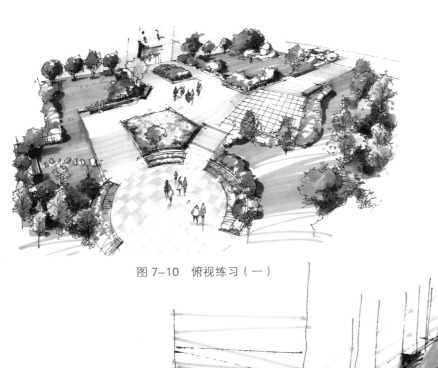

这一组是俯视练习，有设计，有写生，像这类图，主要是把握好透视，突出景观，而周围的建筑只要表现大概就行。初学者，多用冷灰、暖灰的马克笔，练习运笔，掌握粗细变化，把握运行速度，在运笔时不可犹豫，要潇洒、自如。在此基础上稍微上点固有色，画面就生动活泼了（图7-10～图7-12）。

图 7-10　俯视练习（一）

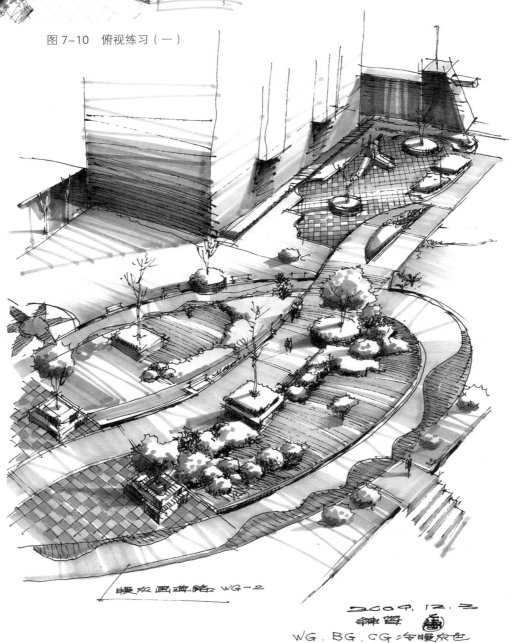

暖灰固有路路 WG-2

2009. 12. 3
钟智
WG. BG. CG 冷暖灰色

图 7-11　俯视练习（二）

SKETCH & DESIGN
OF LANDSCAPE

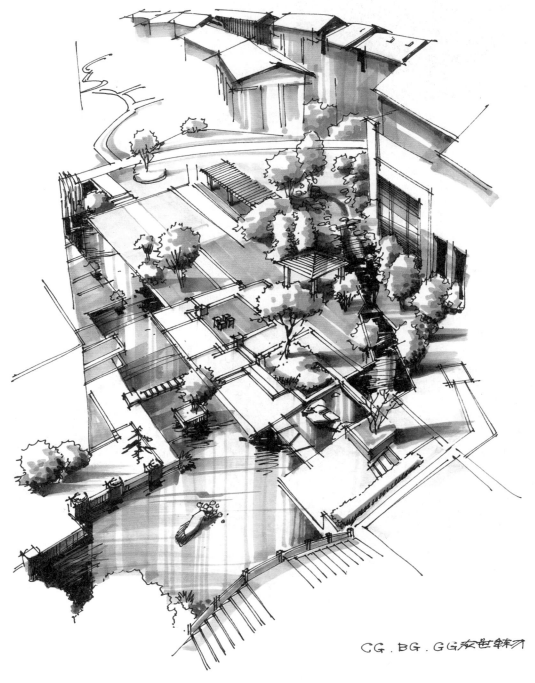

CG.BG.GG灰色练习

图 7-12　俯视练习（三）

当我们经过一段时期的写生练习，对透视、取舍、线条组织及空间的把握能力都有提高后，就要结合所学的园林景观、建筑、环艺等专业，有意识地通过改景写生来提高自己的综合能力。

这两张就是实地改景的写生，我常常带学生来到并不完整的实地写生。要求学员们，在写生中大胆增设景观场景。从第一幅图的照片中就可看出，除了近处的道路和远处开发的楼盘，中间大面积是树林。我们怎么在此做文章，林中有一片不小的湖，我当时边做讲解，边把自己的想法画出来，从湖的四周边缘，在自然缓坡上，开发一片别墅，别墅与远景房之间增加一个很大的广场，广场中央做了一个主题雕塑，这样就把这里做了个林中别墅的景观。从湖边不同的角度，都仍观赏四周的微妙变化，经过这么一改动，画面效果就更完整了（图7-13、图7-14）。

图 7-13 实景

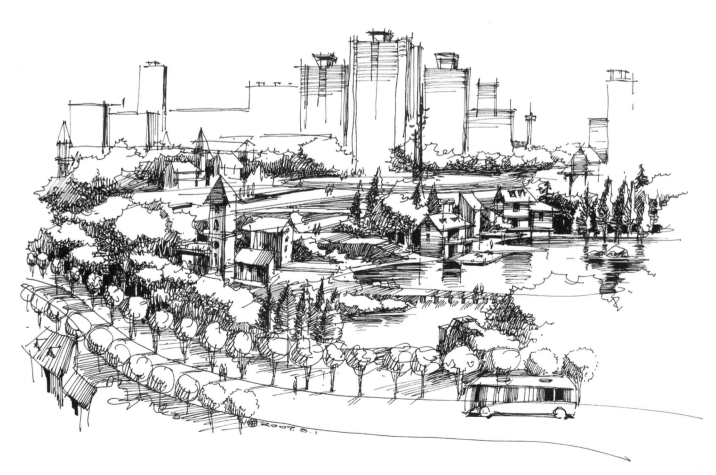

图 7-14 改景写生图

　　而第二幅照片中看出，从俯视的一点透视来看，此场景就是个"7"字形。图中左侧留有大片的空间，当时的作业，就是增加一座洲岛，此作品中设置的小岛，从体量上还可以，但从空间的尺寸大、小比例来看，略显得小了点。如果岛景还简单点，比例关系要融入些幅画中，树木与亭子稍微大点就到位了（图7-15、图7-16）。

图 7-15　实景

图 7-16　改景写生图

　　如图 7-17 表现的是一个路口广场边的一个景点，比较狭长，满足的功能又多，这既是一个人行通道，也是一个群众性的公益场所。

　　表现这类场景时，要尽量体现设计师的意图，充分展现各空间的设计，就得从俯视的角度来表达，当视平线拉得越高，展示的地面面积就越多，就能对景观的设置一目了然。人们很容易就能从上而下，或是由下而上的，尽览眼底。只有科学运用透视关系，才能充分表达设计师的设想。

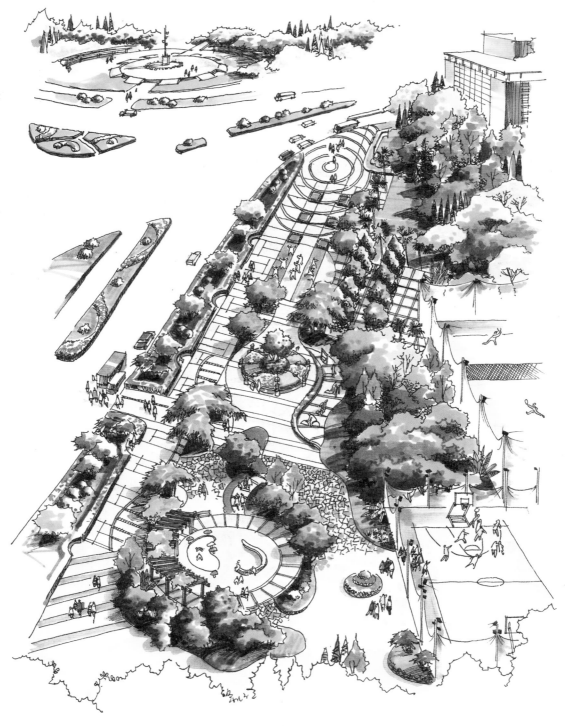

图 7-17　俯视练习（一）

图 7-18 既是现场写生，又经过整理后完成的一幅俯视练习，只有多加强这方面的训练，就能在设计中熟练运用和掌握这一视角的技巧。在增补人员及配置时，最好结合当时的环境与年代，更能体现出画面真实的效果。

SKETCH & DESIGN
OF LANDSCAPE

图 7-18　俯视练习（二）

图 7-19 实景

来到未完的工地，硬质景观正在抓紧施工，而植被还没进行。这也是充分发挥设计师的主观能动性的最佳时机（图 7-19）。

我们来到旁边建筑的顶楼，从俯视来描绘这一场景。要求就是在真实于原角度，原场面景的基础上，来增补植物，也可稍加改动一点点硬质景点。我们分别从线稿、黑白、色彩进行了练习。要注意透视关系，所有纵向线，都消失于地点，还要重景观而轻建筑，建筑仅画些轮廓线即可，当用马克笔来表现建筑时，下重上轻的画几条横就够了（图 7-20 ~ 图 7-22）。

图 7-20 写生图（一）

图 7-21　写生图（二）

图 7-22　写生图（三）

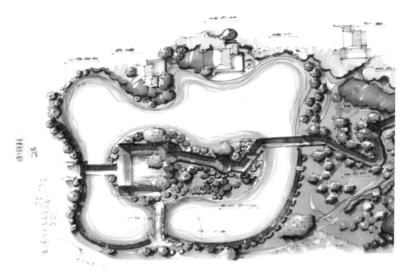

图 7-23　长沙小景区

这是长沙一个小景区，我带学生来到这里做一个平面练习，两人一组进行测量、绘制（图 7-23）。

这项工作得配合细心，首先要分清方向，自己所处的位置，围着中轴线来测量，不要拐几个弯，就分不清东南西北了，而且，这类练习要常态化，练多了，对空间把握、眼力都是种训练。对地形、形状也要学会产生联想。比如，我们画的这个图，水景与廊架的整体形态就有点像电吉他，当你在这样一个大形的基础上稍做些调整，或是再深入画细，就不难了。很多情况下，都是有种不知从哪下笔的感觉，就是因为练得不多，各种难题在你动笔时就会出现，当你训练得多，经验就慢慢积累，难题就会渐渐减少，从而达到驾轻就熟，笔走飞龙、随心所欲的境界（图 7-24、图 7-25）。

图 7-24　写生图（一）

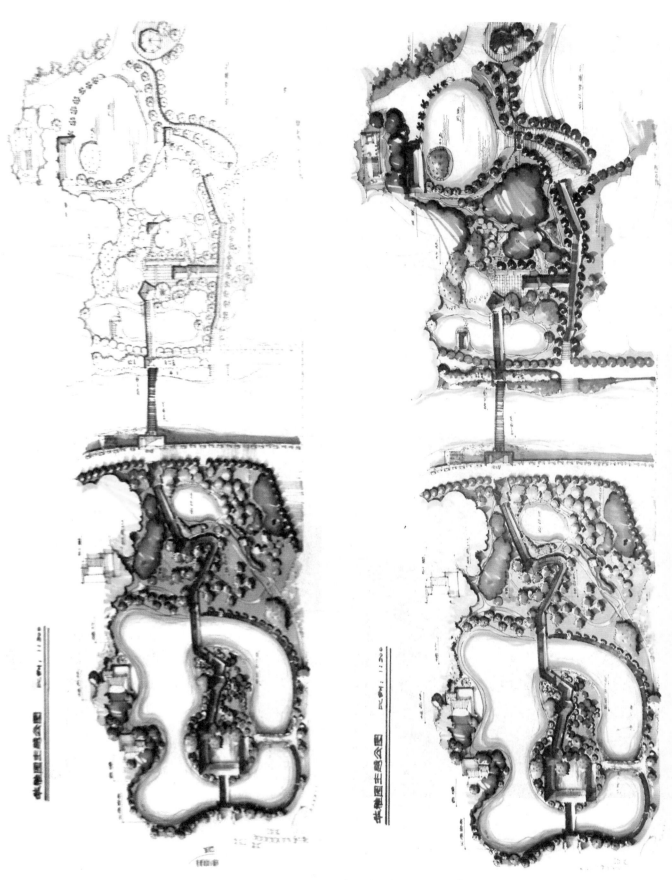

图 7-25　写生图（二）

景观设计，不要认为场面大，想象空间就大，而小空间，想象余地就小，其实，小空间做大文章的案例有很多。现在，家庭庭院式景观走入千家万户，形式多种多样，有中式、欧式、现代、古典等。从两个图例中，我们就能看出，小空间的施展空间一样大。我做了两个方案：一个就是趋于自然，保留草地，只做了些汀步，撑几把遮阳伞而已，清新、自然，没有做作的痕迹（图7-26）；另一个方案，稍微考虑得多一些，做一个主景玻璃阳亭，整个地面用裂纹石铺满，然后，用防腐木架空安装。让空间高度形成一个级差，增强庭院的品位，周围相应考虑一些相配的花境和树木。最后，撑两个遮阳伞，以满足客户所需的三处小景点需求。色彩要上得沉稳而老练（图7-27）。

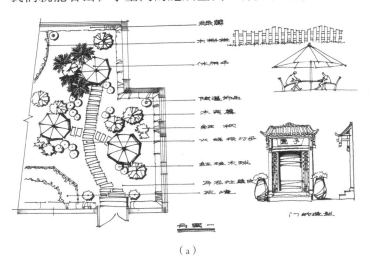

（a）

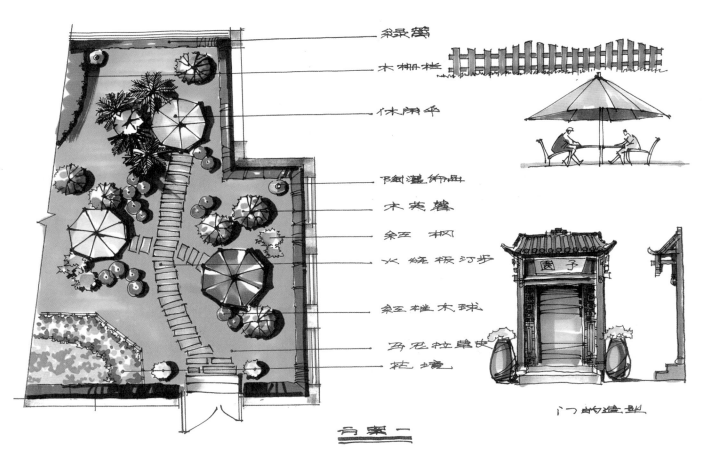

（b）

图7-26　方案一

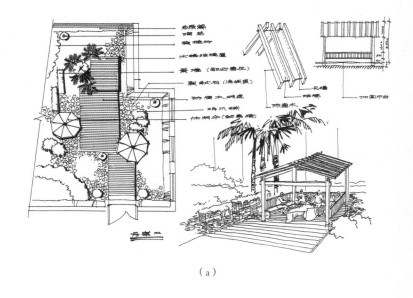

（a）

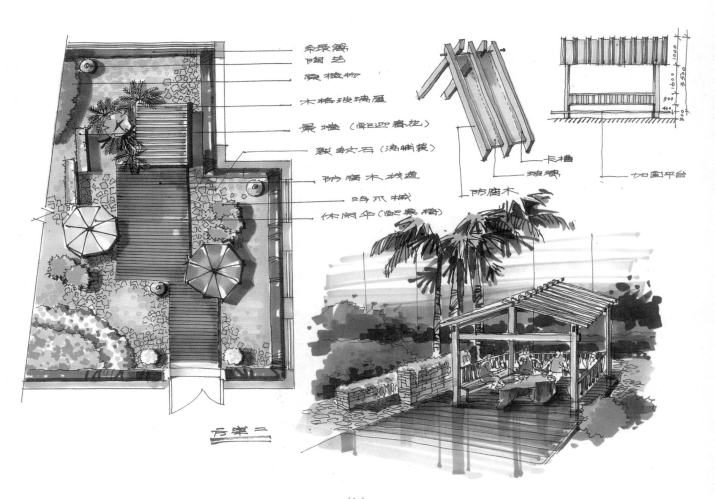

（b）

图 7-27　方案二

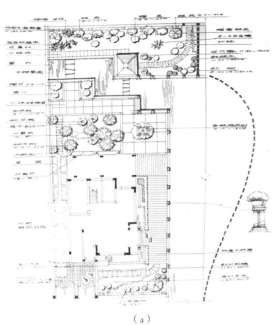

（a）

如图 7-28 所示这是个临水的别墅，后院做了一个欧式的小景观。欧式景观讲究方方正正，有棱有角。原水系的岸边，是一个不规则的形状，我有意识地把水岸边沿修整齐，并延伸到陆地，做几个方正的涉水汀步，然后，依次形成小径花园、防腐木栈道、经济林区、观赏林区的组合小景区。而人员的进出，与车辆的进出口分开，路面铺装上耐压石材。最后，用不同工具，用马克笔和水溶性彩铅上色彩，各有风味。

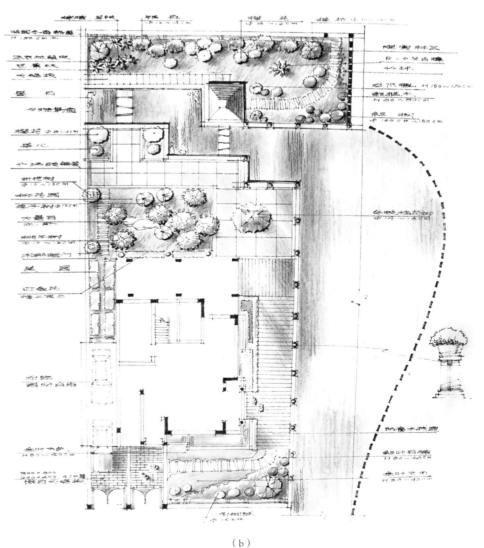

（b）

图 7-28（一） 临水别墅方案

SKETCH & DESIGN
OF LANDSCAPE

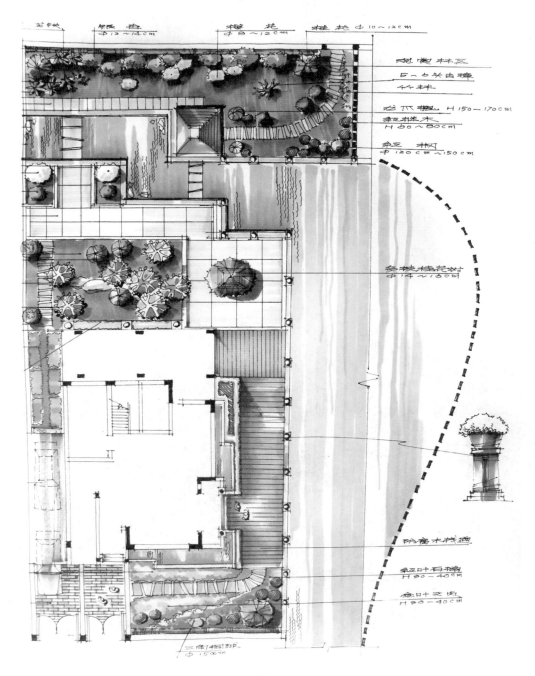

(c)

图 7-28（二）　临水别墅方案

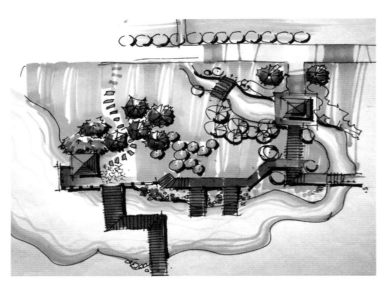

图 7-29　即兴练习（一）

设计练习中，我们常即兴命题练习，从平面到透视练习。有时，直接画出一个空间场面，再复原平面。这一幅作品就是画空间效果图，然后根据图还原平面，经过反复练习，对驾驭空间的比例及大小关系的能力会有大的提升。用马克笔上色时，简洁明快、用笔潇洒、轻松随意、不可潦草（图 7-29、图 7-30）。

图 7-30　即兴练习（二）

另附一张平面图，大家可以把这张平面图画成手
绘效果图（图7-31）。

SKETCH & DESIGN
OF LANDSCAPE

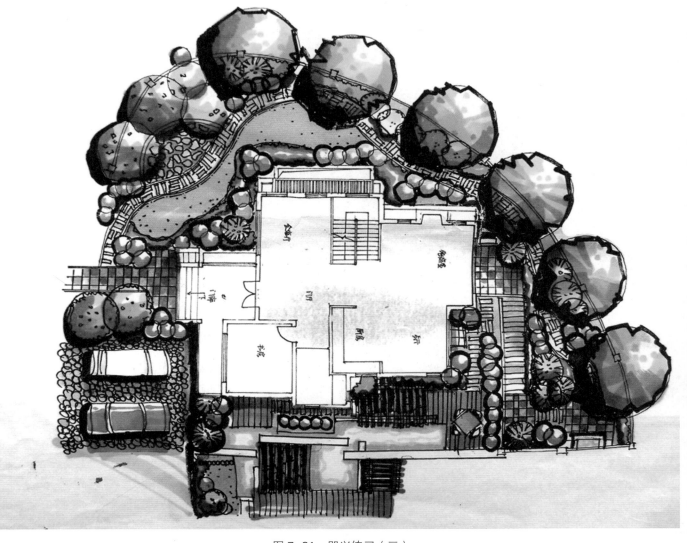

图7-31 即兴练习（三）

第八章　学生作品

SKETCH & DESIGN
OF LANDSCAPE

多画是硬道理，通过不断的练习、点评、再练习，量积质跃。"一日不练，自己知道；两日不练，内行知道；三日不练，外行知道。"

图 8-1 原作品

此作品，从构图来看，偏上了点，如果已经画上了，就不需要画室内的立柱和拱形的檐口弧形线，不然，会显得这画面一样，压抑和拥挤。石头不光有大小之分，还有远近、前后的虚实关系，而水的跌级结构线不可画太实，若隐若现，恰到好处。后面的建筑可以不画，另外，桌子的透视错了，宁可舍去（图 8-1）。

在改画中，大胆舍去前面的建筑结构和桌子，画出水面，跌水中的结构线不画，自然留出每一级的水面。左边的园林灯向左移一点，整个画面就透气多了（图 8-2、图 8-3）。

学员：解张慧 / 女 / 山东 / 硕士研究生

图 8-2 修改建议

SKETCH & DESIGN
OF LANDSCAPE

图 8-3　修改后作品

图 8-4 原作品

这幅画太过沉闷，前后关系没拉开，前面的石头太过平板，没变化，暗灰调太多太浓，即使是长廊的暗部，也不能画"死"一片，要有通透感。右边的树与房顶平高，要有高低变化。左边的两个树形遮盖了"人"形屋顶，不可挡住这部分，这个建筑的暗部很精彩（图8-4）。

图 8-5 修改建议

处理整改这幅画时，有意识调整了以上的部分，还调整了左下两个雷同的大石头，补充了前面的部分水景，增画些水草，右边的树画高，画面已平衡，廊架也完全通透了，前面的石头用涂改液提亮，层次分明，向背关系明确。整幅画就"起死回生"了（图8-5、图8-6）。

　　学员：解张慧／女／山东／硕士研究生

图 8-6　修改后作品

图 8-7 原作品

该作者构图严谨，线条老练，简洁明快，只是细化不够分再深入刻画或是多推敲一下就更好了。右侧背景的树与前面一棵老树没拉开，略显得有些"花"，稍微背景加强一个层次，密实一点就会好多了，亭子与栏杆的后面画重一点，檐口内的暗部也要加强（图 8-7）。

学员：李希音 / 女 / 长沙 / 本科 / 从事园林景观工作

图 8-8 修改建议

当动笔不多，稍加修改，就能看出前后的效果（图8-8、图8-9）。

SKETCH & DESIGN
OF LANDSCAPE

图 8-9　修改后作品

这幅作品轻松随意，但略显得潦草，细化不够，结构没画准。长廊对称的立柱要有交代，植物与建筑间的黑白对比关系，近景的树木要画完整，有些一定要理解何谓留白，何谓丢？如果近景的树木几个层次关系，没画清楚，这就是丢景了，远处的小丘作为画虚的一个层次，也不能丢。画水面的波纹线及倒影，要理性处理（图 8-10）。

图 8-10　原作品

图 8-11　修改建议

改动后，画面好多了，拱形桥的透视也纠正过来了，如果有些部分再深入刻画或是多推敲一下就更好了。右侧背景的树与前面一棵老树没拉开，略显得有些"花"，稍微背景加强一个层次，密实一点就会好多了，亭子与栏杆的后面画重一点，檐口内的暗部也要加强（图 8-11、图 8-12）。

学员：李希音 / 女 / 长沙 / 本科 / 从事园林景观工作

图 8-12　修改后作品

这一幅作品画得轻松随意，线条流畅，但从整体上来说，太"花"而松散，前后层次关系没出来，纵深感不强，水面画得过"死"，且不清晰，要学会在对比中找黑白关系，遇明则暗，遇暗则明的道理。山形散而不成形，软而无力，树形不够整体，如果，我们在写生中，把思路理清，遵循近实远虚的原则，学会取舍，尽量画得简洁且层次分明，就不失为一幅好作品（图8-13）。

学员：彭博／男／湖南湘潭／深圳市市政设计院主创设计师

图 8-13　原作品

图 8-14　修改建议

当作品修改后，层次感、纵深感、整体感都加强了，也凸显了景观中的亲水平台，面前的植物、水草也相应放大写实，而远山作为一个背景，只是为空间服务，稍画些轮廓线即可（图8-14、图8-15）。

图 8-15 修改后作品

江南小巷的魅力就在于多变的造型。构图、取舍、光影关系的表达，是一种综合性的考察。该作品从构图上看，还是经过一番考量，以记录性手法，快速表现这一场景。但还是有一些细节，要认真刻画，比如视觉中心的门及顶部。周围的环境也要设置些光影关系，就更生动（图8-16）。

图 8-16　原作品

图 8-17　修改建议

　　改完后，稍画些暗部调子，右墙上增画些砖墙，地面添画些阴影，效果就好多了，整体感加强了（图8-17、图8-18）。

　　学员：彭博／男／湖南湘潭／深圳市市政设计院主创设计师

图8-18　修改后作品

图 8-19 原作品

该作品构图严谨、透视准确，运笔用线都到位，只是有些细节还得仔细刻画，如对比不够，为凸显亭子，特别是接近亭顶，围绕在亭子边沿的植物要画重，亭帽内的檐口，要画暗一些，是阴影的部分。为突出栅栏，后面的植物也要画重一些，右边空白处画点树林，只画些轮廓线即可，代表远处的树木。环境也要设置些光影关系，就更生动（图 8-19）。

学员：唐娉婷 / 女 / 湖南株洲 / 湖南株洲规划设计院

图 8-20 修改建议

修改后，画面没那么"花"了，层次感，整体感好多了（图 8-20、图 8-21 ）。

SKETCH & DESIGN
OF LANDSCAPE

图 8-21　修改后作品

这是一个景墙与长廊的小景观,作者在画这幅画时,还是很细心的,整个画面还是显得琐碎了点,该强调地不够,背景要画重,才能突出硬质景观,要注意树木与硬质景观之间的对比关系;黑与白、白与灰、黑与灰的对比;光源对物象的影响,还有前后层次与对比关系。景墙镂空的透雕,从透视原理上说,左轮廓线画实画重,右边留出板材的厚度来(图8-22)。

图 8-22 原作品

图 8-23 修改建议

当整改后，加深背景，凸显了硬质景观，梳理了层次关系，再在长廊上，增画些藤蔓，丰富了画面（图8-23、图8-24）。

学员：唐娉婷 / 女 / 湖南株洲 / 湖南株洲规划设计院

图 8-24　修改后作品

这幅作品素描感觉不错，构图讲究，透视和纵深感比较强，造型能力不错，只是细节上还需严谨一点，左右两边的墙体斑驳处理手法一致，会显呆板，线条上略显凌乱，要注意整体性（图 8-25 ～图 8-27）。

学员：唐羽佳／女／湖南长沙／动漫、环艺本科／动漫、插画主创设计师

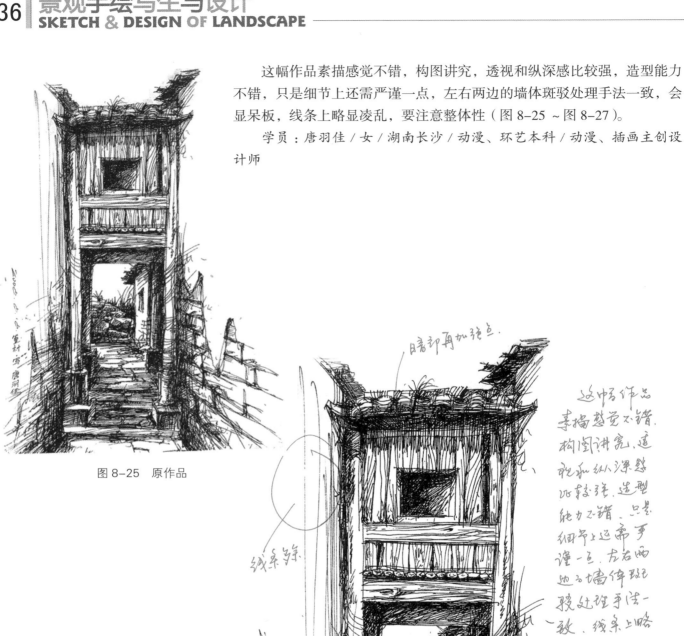

图 8-25　原作品

图 8-26　修改建议

SKETCH & DESIGN
OF LANDSCAPE

图 8-27　修改后作品

该作品，线条简洁明快，速写味比较浓，但电线杆及电线处理得有点杂，暗部处理不够，近景的楼梯太过草率，需仔细刻画。在写生中，速写虽然在时间上很短，但画的中心，趣味中心，得有精彩的地方，还需加强练习（图 8-28 ~ 图 8-30）。

图 8-28 原作品

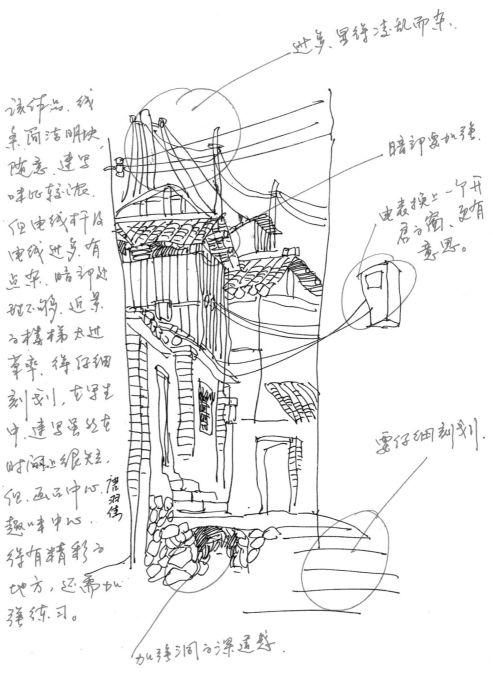

图 8-29 修改建议

学员：唐羽佳／女／湖南长沙／动漫、
环艺本科／动漫、插画主创设计师

SKETCH & DESIGN
OF LANDSCAPE

图 8-30　修改后作品

这幅画构图还可以，线条及黑白关系也不错，只是右墙的砖线透视错了，要跟随地面的透视线走，电线杆太居中，且在此幅图中，舍之为更妙，左侧的雨篷过于松散了，要整体，注意物体间的对比关系（图8-31）。

学员：吴宇佼／女／湖南长沙／硕士研究生／房地产开发／规划师

图 8-31　原作品

图 8-32　修改建议

修改后的雨篷整体而又有变化，墙砖透视调整后，质感也加强了。而电线杆弃之不用，这样效果好多了（图 8-32、图 8-33）。

图 8-33　修改后作品

此幅习作过于沉闷，不通透，左右两边的树干形状雷同，笔法单调，从构图上说，并无大的问题，只是要注意到前后关系、虚与实的关系、大与小、黑与白的对比关系（图8-34）。

图 8-34　原作品

图 8-35　修改建议

改画时，把左上的树枝稍多画一些，右边的树干运用美工笔的转折变化来画，这样就生动了，且整体构图上打破了原来的上下结构，变成对角构图，再画些树林的轮廓线，增加些层次关系。在树林的暗部，用涂改液画几株树干，打破黑闷的暗调子。稍微调整一下水溪边的石头和水草即可（图8-35、图8-36）。

学员：吴宇佼／女／湖南长沙／硕士研究生／房地产开发／规划师

图 8-36　修改后作品

这一幅作品很有代表性，有很多学员在写生时，一幅画常常深入不下去，要不就是画过了。这张写生，就是没深入，主题不突出，有种没画完的感觉。从线条、构图上说，作者的驾驭能力还是很强的。如果把中心部分、层次关系、结构再推敲一下，就精彩了（图8-37）。

学员：肖潇 / 女 / 湖南长沙 / 中南大学城市规划 / 本科 / 长沙市规划信息服务中心

图 8-37 原作品

图 8-38 修改建议

修改后的效果就好多了。光影关系、层次关系，细部的刻画都做到位了。有时，我们不一定面面俱到，把握住画面中心，才是关键（图8-38、图8-39）。

图 8-39　修改后作品

小门楼作为一个主体景观来表现，最主要就是视觉中心要完整。这幅作品的用线运笔还是很轻松，不足之处就是小细节。栏杆要交代完整，墙与墙之间的对比，植物的根系线不要与墙线并排垂直，墙体要落地到位，也可舍之（图 8-40）。

图 8-40　原作品

图 8-41　修改建议

改后，稍调整了点，同时，画了点墙砖，有了对比，稍画些暗部（图 8-41、图 8-42）。

　　学员：肖潇／女／湖南长沙／中南大学城市规划／本科／长沙市规划信息服务中心

图 8-42　修改后作品

这一幅小品画得比较完整，线条、构图、对物象质感的表达都较充分，如果水面再刻画细一点，就更好了。画小景，就要画出情趣来，溪边的石景映衬在水中倒影，要清晰勾画出前后层次关系的倒影，由深到淡、由实到虚的一个渐变过程，感性与理性相结合的综合表现（图 8-43）。

图 8-43　原作品

图 8-44　修改建议

在调整这幅画时，其他都没改动，只是水面稍做了点补充（图8-44、图8-45）。

学员：徐晓艳／女／湖南长沙／工业设计／本科

图 8-45 修改后作品

图 8-46 原作品

这张作品线条熟练，但对场面的把控和透过现象画本质的能力上，还待加强。整幅作品显得"花"不整体，细节的处理上欠考虑。拱桥前面的黑松完全遮挡了桥形，这就要求我们学会"舍"掉次要的，"取"进主要的。树丛的层次关系要理清楚，不可乱画，暗部及阴影也要理性深入，结构上一定要合理，瓦顶要有变化，不能简单地画几条线（图 8-46）。

学员：周身智 / 男 / 湖南长沙 / 长沙大学 / 本科

图 8-47 修改建议

大胆取舍和修改后，结构合理，主体突出，层次关
系、对比关系加强了（图 8-47、图 8-48）。

图 8-48　修改后作品

这幅作品透视准确，用线运笔简练，整体效果不错，留白也恰到好处，只是添画树枝时，过多过杂了点，只要少一点，多些简洁，构图就完整。当我们练习到一定阶段后，在写生中要由原来的加法，渐渐学会用减法，笔少而意多（图8-49）。

图 8-49　原作品

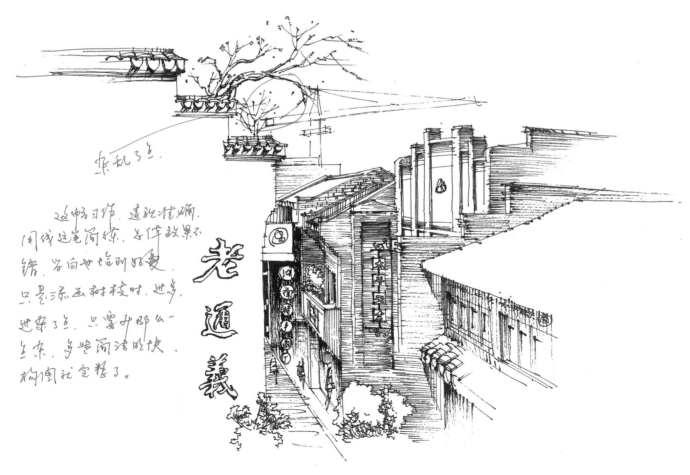

图 8-50　修改建议

在改画中，仅仅去掉了多余的树枝（图 8-50、图 8-51)。

学员：周身智 / 男 / 湖南长沙 / 长沙大学 / 本科

图 8-51　修改后作品

　　当本书编写完成后，我把自己置于读者之中，考察初学者是否能从书中受益，是否有"原来如此""茅塞顿开"的感觉。如果真能从选景、构图、取舍、整理中获益不少，我倍感慰藉，也就达到了我出书的目的。每年，我要画 100 多幅写生，各种题材、各种手法都有表现。从不同的视角，多变的透视来表达对象。我不希望书中把绘画变成一种程序化的模式，只希望锻炼一种感知力。在感觉找到的情形中，寻找自己绘画的语言，因为每个人的知识与经验的储备各不相同，起点也不一样，不可生搬硬套，一定要重视视觉刺激源的自我体验和灵活处理。当你在自然景观中，有了惊奇感和好奇心时，就会从中去观察和探索。

　　书中写生是我个人的体会。只有把自己融入自然中，敢于下笔实践自己现有的认识和想法，用自己的观察力去判断和选择景物的范围，围绕感兴趣的景物去探求，感觉画面的景物安排与色调布局是否均衡而富于节奏感，将书中获取的营养带到自己的写生当中，尽量做到画面丰富而有变化。不可凌乱琐碎，要有统一感。如果初学者能持之以恒这样做下去，就会逐渐发现自己对取景、构图及整体把握的能力越来越强，越来越敏感。当你对某一场景作出反应时，都会基于主题向你展示出它的独特之处，然后运用所学的表现技巧，紧扣主题的表现，突出表现视觉中心，也就是运用绘画原理经营你的画面，突出表现一个东西，其他为辅。

　　总之，书中传达的信息，主要是引导大家在把握好透视关系，在素描关系的前提下，坚持不懈地由加法到减法的质变，从选景中能体会到趣味中心，从构图中体味绘画中的构成，从取舍中学会主次关系，从不断整理之中学会让画面既丰富又统一。如能做到眼、脑、手的高度统一，一切都源自于每个人的勤奋。

　　在我出版这本书的过程中，得到了各界同仁的大力支持，提出了许多宝贵意见。在此，感谢我的家人，感谢中国水利水电出版社，感谢李亮先生、陈奇辰先生，以及我的学员们的无私奉献。与友相交，毕生难忘。

唐　建

2014 年 2 月 28 日